市政环保工程技术

曹仲　陈晨　宋磊　陈煜　等◎编著

中国三峡出版传媒

中国三峡出版社

图书在版编目（CIP）数据

市政环保工程技术 / 曹仲等编著. -- 北京：中国三峡出版社，2020.6
ISBN 978-7-5206-0137-5

Ⅰ．①市… Ⅱ．①曹… Ⅲ．①市政工程—环境工程—工程技术 Ⅳ．
①TU99 ②X5

中国版本图书馆 CIP 数据核字（2020）第 057356 号

责任编辑：于军琴

中国三峡出版社出版发行

（北京市海淀区复兴路甲1号 100038）

电话：（010）57082645 57082655

http://media.ctg.com.cn

北京世纪恒宇印刷有限公司 新华书店经销

2020 年 6 月第 1 版 2020 年 6 月第 1 次印刷

开本：787×1092 1/16 印张：14.75

字数：229千字

ISBN 978-7-5206-0137-5 定价：98.00元

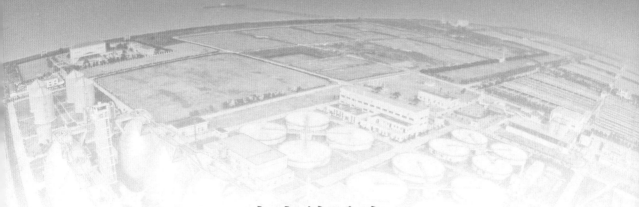

本书编委会

前　言

2018 年 7 月，推动长江经济带发展领导小组办公室印发《关于支持三峡集团在共抓长江大保护中发挥骨干主力作用的指导意见》，支持三峡集团在共抓大保护中发挥骨干主力作用，对三峡集团参与共抓长江大保护工作做出制度性安排。2018 年 12 月 13 日，作为三峡集团开展长江大保护的业务实施主体，长江生态环保集团有限公司（简称长江环保集团）在武汉注册成立。长江环保集团是在深入学习贯彻习近平新时代中国特色社会主义思想、深入践行习近平生态文明思想的历史背景下诞生的，主要以"长江水质根本好转"为目标愿景，践行"绿水青山就是金山银山"的发展理念，以长江经济带生态优先、绿色发展为己任，致力于长江经济建设中与生态、环保、节能、清洁能源相关的规划、设计、投资、建设、运营、技术研发、产品和服务等。

三峡集团开始长江保护的工作可追溯至三峡工程建设时期，比如对三峡库区内的环境进行修复和整治，以及对长江生物多样性实施保护等。2016 年 1 月 5 日，习近平总书记提出"共抓大保护，不搞大开发"，三峡集团以"三峡集团要发挥好应有作用，积极参与长江经济带生态修复和环境保护建设"为指示，积极参与第一批五个沿江试点城市开展的水环境综合治理相关工作，并提出 163 字的治水方针，得到了国家、地方、行业多方面的高度认可。2019 年 12 月 20 日，推动长江经济带发展领导小组办公室印发《三峡集团与沿江地方合作开展城镇污水治理经验做法》，加快复制推广城镇污水治理合作好经验、好做法，推动三峡集团与地方的合作由点到面。

中国中铁四局集团有限公司是具有综合施工能力的大型建筑企业，是世界500强企业，也是中国中铁股份有限公司的标杆企业，拥有铁路工程、建筑工程、市政公用、公路工程四项特级资质，作为长江大保护的联盟单位成员，与长江环保集团一同担负起保护长江的重任。

在保护长江的过程中，涉及一些污水的处理工作，长江环保集团在这方面积累了丰富的经验，本书的出版就是希望能将这些经验和技术进行总结梳理，供环保行业的读者参考。本书详细讲解了污水处理的各阶段及各工艺，详尽说明了各工艺段及污泥处置的相关技术，同时介绍了目前国内常用的黑臭水体技术及新技术的拓展研究，以及固体废物的各种处理工艺及工程展示。全书共分为三篇，第一篇讲述了污水处理厂的处理技术，第二篇讲述了黑臭水体的处理技术，第三篇讲述了固体废物的处理技术。本书全面解读污水、黑臭水体、固体废物的处理技术，用专业详细的技术讲解、具体案例的解读，呈现垃圾处理的全过程。

作为一本市政工程技术的科技图书，本书不但可以指导环保行业初涉者对污水处理、黑臭水体处理及固体废物处理的基本概念和处理技术有深入的了解，还可以作为环保行业职工培训的基础教材。

行百里者，半九十。希望本书的出版，能够帮助广大环保工作者和我们这些"长江大保护"工作的践行者早日实现"天蓝、水绿、山青"的梦想。

由于时间仓促，书中难免存在一些问题，恳请各位读者批评指正。

编者

2020 年 5 月

目　　录

第 2 篇　黑臭水体的处理技术

第 3 篇　固体废物的处理技术

第 1 篇

污水处理厂的处理技术

1 绪论

1.1 国外污水的处理概况

对城镇污水的处理最早可追溯到古罗马时期，那个时候水体的自净能力足以净化人们排放的污水，但是，随着城市化进程的加快，城镇污水中的细菌导致了传染病的出现，出于健康的考虑，人类开始对排放的生活污水进行处理。早期的处理方式主要是在污水中加入石灰、明矾等沉淀剂进行沉淀或加入漂白粉等物质进行消毒。1762年，英国开始使用石灰及金属盐等处理城镇污水。

18世纪中叶，欧洲工业革命开始，城市生活污水中的有机物成为污水中需要去除的重点物质。1881年，法国科学家发明了第一座生物反应器，这也拉开了用生物法处理污水的序幕。1893年，第一座生物滤池在英国威尔士投入使用，并迅速在欧洲、北美等国家推广。技术的发展，推动了标准的制定。1912年，英国皇家污水处理委员会提出以 BOD_5 来评价水体的受污染程度。

活性污泥法自1914年在英国曼彻斯特问世以来，作为最常见的污水生物处理技术，在世界各国得到了广泛的应用。随着科技水平的进步，研究人员在传统活性污泥法的基础上，不断发展和创新，先后研发了厌氧/缺氧/好氧活性污泥法（A/A/O法）、序批式活性污泥法（Sequencing Batch Reactor，SBR）、改良型SBR法、一体化活性污泥法（UNITANK）、两段式活性污泥法（AB法）以及生物膜法等。

从 20 世纪 60 年代的末端治理到 70 年代的防治结合，从 80 年代的集中治理到 90 年代的清洁生产，发达国家在改变污水处理理念的同时，也在不断研发更为先进的污水处理工艺、技术、设施和设备。目前污水处理技术的一个发展趋势是技术集成化和设备一体化，代表性成果有同步脱氮除磷好氧颗粒污泥技术，电/生物耦合技术，吸附再生工艺以及利用光、声、电与高效生物处理技术相结合处理含有高浓度有毒有害难降解有机物的废水的新型物化－生物组合技术。

目前，许多国家的水环境污染治理目标与技术路线已经有了重大变化，水污染治理的目标已经由传统意义上的"污水处理达标排放"转变为以水质再生为核心的"水的循环利用"，由单纯的"污染控制"上升为"水生态的恢复"。

1.2 国内污水的处理概况

1.2.1 国内污水的处理现状

我国是一个干旱且缺水严重的国家，淡水资源总量为 28 000 亿 m^3，占全球水资源的 6%，仅次于巴西、俄罗斯和加拿大，居世界第四位，但人均只有 2300 m^3，仅为世界平均水平的 1/4、美国的 1/5，在世界上名列 121 位，是全球 13 个人均水资源最贫乏的国家之一。

据监测，目前全国多数城市的地下水受到一定程度的点状污染和面状污染。水污染不仅降低了水体的使用功能，进一步加剧了水资源短缺的矛盾，对我国正在实施的可持续发展战略带来了严重影响，而且还严重威胁到城市居民的饮水安全和人民群众的健康。

我国在 20 世纪 30 年代才开始进行污水处理，比国外晚了很长一段时间。虽然起步晚，但近年来还是有较快的发展。可是随着城市化速度的加快，我国城市的数量与规模也在快速地增加，与之相配套的城市污水处理基础设施却不足。

近年来，我国城市污水处理能力有所提升，截至 2018 年 6 月底，全国建成并运行的污水处理厂共计 5222 座，具有污水处理能力 2.28 亿 m^3/日。在城市污水处理率方面，2017 年底，城市污水处理率已达到 93.4%；2018 年底，我国城市污水处理率已达到 94%；2019 年底，我国城市污水处理率已达到 97%。但目前在我国的城市污水处理厂中，80% 以上采用的是活性污泥法，只有不到 20% 采用稳定塘法、土地处理法等一级处理工艺。随着国家对污水处理厂出水水质要求的提高，污水处理厂不得不应用许多新型处理工艺，如 A/O 法、氧化沟法、SBR 法等。这些改进的工艺在我国被广泛运用。

总的来说，相比于先进国家，我国的污水处理还处于发展阶段，无论在数量、规模上，还是在自动化程度、机械化上，都存在着非常大的差距。

1.2.2　城镇污水处理厂进水水质特征

清华大学郭泓利等人选取全国 19 个省（市）、自治区、直辖市 127 座污水处理厂进行研究，其中山东 19 座、广东 15 座、湖南 8 座、湖北 1 座、河南 4 座、辽宁 9 座、陕西 3 座、北京 2 座、海南 2 座、河北 6 座、甘肃 1 座、四川 9 座、黑龙江 2 座、云南 13 座、浙江 4 座、江苏 23 座、福建 1 座、广西 2 座、贵州 3 座。他们采用 2017 年全年实际进厂原水水质数据（每日）为分析基础，选取化学需氧量（COD）、生化需氧量（BOD_5）、氨氮（NH_3-N）、悬浮物（SS）、总氮（TN）、总磷（TP）等 6 项水质指标，分别计算各项指标的年平均值，分析了进水污染物的变化规律以及各指标间的相关关系。

127 座污水处理厂的平均进水 COD 浓度为 219.97 mg/L，BOD_5 浓度为 81.64 mg/L，SS 浓度为 148.54 mg/L，TN 浓度为 30.36 mg/L，NH_3-N 浓度为 22.83mg/L，TP 浓度为 3.7mg/L，均达到 GB 18918—2002 一级 A 标准，其中 SS 去除率最高，TN 去除率最低，仅为 59.92%。BOD_5/COD 平均值为 0.36，BOD_5/TN 平均值为 2.6。其他水质指标详见表 1.1。

表 1.1　127 座城镇污水处理厂进水与出水浓度平均值

项目	COD（mg/L）	BOD$_5$（mg/L）	SS（mg/L）	TN（mg/L）	NH$_3$-N（mg/L）	TP（mg/L）	BOD$_5$/COD	SS/BOD$_5$	BOD$_5$/TP	BOD$_5$/TN
进水	219.97	81.64	148.54	30.36	22.83	3.70	>0.3	>1.2	>20	<4
出水	30.63	6.09	9.07	12.17	2.30	0.60	—	—	—	—

　　根据以上数据，我们可以总结出国内城镇污水处理厂进水水质的特征。一是污水处理厂进水 COD 浓度和 BOD$_5$ 浓度普遍偏低，雨污分流不彻底造成污水处理效能下降，单位 COD 削减能耗大大提高。二是污水处理厂几乎都适合运用生物处理法，其中一半的污水处理厂的污染物都易于生物降解。三是碳源未被高效利用，反硝化能力不足，总氮去除效果差，需要额外添加碳源，从而增加了污水处理厂的运营成本。四是大部分污水处理厂 BOD$_5$/TP>20，可以满足生物除磷的需求。

2 城镇污水处理厂的基本概念

现阶段污水处理的建设及后续的提标改造工程往往忽略了进水水质的构成及其变化，导致后期工艺运行调整难、运行能耗高，影响出水稳定达标。因此，对城镇污水处理厂进水特征进行系统分析，有利于选择合适的工艺并优化设计，具有非常重要的现实意义。

2.1 污水的来源

根据来源，污水一般可以分为生活污水、工业废水、初期污染雨水及城镇污水。其中，城镇污水是指由城镇排水系统收集的生活污水、工业废水及部分城镇地表径流（雨水和雪水），是一种综合污水。

2.2 污水的处理标准

城镇污水处理一级 A 标准是城镇污水处理厂出水作为回用水的基本要求。当污水处理厂出水引入稀释能力较小的河湖作为城镇景观用水和一般回用水用途时，执行一级 A 标准。排入国家和省确定的重点流域及湖泊、水库等封闭、半封闭水域时，执行一级 A 标准。排入 GB 3838—2002《地表水环境质量标准》地表水Ⅲ类功能区域和 GB 3097—1997《海水水质标准》海水二类功能水域时，执行一级 B 标准。污水处理项目使用的污水处理标准见表 2.1。

表 2.1 污水处理标准分类

序号	基本控制项目		一级标准		二级标准	三级标准
			A标准	B标准		
1	化学需氧量（COD）		50	60	100	120
2	生化需氧量（BOD_5）		10	20	30	60
3	悬浮物（SS）		10	20	30	50
4	动植物油		1	3	5	20
5	石油类		1	3	5	15
6	阴离子表面活性剂		0.5	1	2	5
7	总氮（以N计）		15	20	—	—
8	氨氮（以N计）		5（8）	8（15）	25（30）	—
9	总磷（以P计）	2005年12月31日前建设的	1	1.5	3	5
		2006年1月1日起建设的	0.5	1	3	5
10	色度（稀释倍数）		30	30	40	50
11	pH值		6～9			
12	粪大肠菌群数/（个/L）		1000	10000	10000	—

2.3 水质参数

水质参数是评价水质污染程度、进行污水处理工程设计、反映污水处理厂处理效果、开展水污染控制的基本依据。

1. COD（化学需氧量，常用单位：mg/L）

COD 反映的是水中的还原性物质被强氧化剂氧化时消耗的氧化剂的量换算成 O_2 的量。用重铬酸钾作为强氧化剂时叫 COD_{Cr}，用高锰酸钾作为强氧化剂时叫 COD_{Mn}，由于污水中的还原性物质绝大多数都是有机物，COD 也可以反映水样被有机物污染的程度。COD 还可以用来测算污水处理过程中的供氧量，即降解一定量的 COD 需要的氧气的量，再根据空气中的氧气含量（体积分数为 21%）和一般曝气头的氧传递效率（25% 左右）就可以计算出一定 COD 条件下的曝气量。

2. BOD（生化需氧量，常用单位：mg/L）

BOD 反映的是水中的还原性物质在被微生物降解时消耗的 O_2 的量。一般污水中的 BOD 被生物降解所需要的时间很长，而 5 天内可以消耗大部分的还原性物质，为了试验速度，一般取培养 5 天的耗氧量，即 BOD_5，此外，还有 BOD_{10}、BOD_{20} 等。

由于 BOD 反映的是可被生物降解的还原性物质的量，因此 BOD 较高的水样易于生物降解，在水质评价中使用较多 BOD/COD，可以反映出水样的可生化性（一般认为该比例 > 0.3 可生化性强，< 0.3 可生化性差）。

3. SS（悬浮固体浓度，常用单位：mg/L）

实验室测定的 SS 是水样经过一定孔径的滤膜过滤后，不能通过滤膜的固体物质的含量。SS 反映的是水样不溶物的含量。进水 SS 高时会增加污泥量，从而增加污泥处理成本。出水 SS 一般会受到活性污泥的沉降性、二沉池实际水力停留时间、二沉池运行状况等因素的影响。

4. 无机物

pH：宏观地反映水样的酸碱性情况。一般要求处理后污水的 pH 值在 6～9 之间。

植物营养物质：污水中的氮、磷为植物营养物质，过多的氮、磷进入天然水体会导致水体富营养化。

重金属：主要指汞、镉、铅、铬等具有显著生物毒性的金属元素。

无机性非金属有毒有害物：水中的无机性非金属有毒有害污染物主要有砷、含硫化合物、氰化物等。

5. 氯化物（常用单位：mg/L）

Cl- 含量可以在一定程度上反映水样中的含盐量，氯化物的存在会干扰 COD 的测定，一般会采用硫酸汞掩蔽。但硫酸汞的掩蔽能力是有限的，硫酸汞和重铬酸钾在争夺氯离子时就好比拔河比赛，哪个力气大，氯离子就跟随哪个走。现有国标法规定的氯化物掩蔽浓度实际是偏高的，尤其在采用高浓度重铬酸钾（c＝0.25 mol/L）时，氯化物对 COD 的干扰浓度远低于国标法掩蔽后的规定浓度。

6. 氮类（常用单位：mg/L）

氮类水质参数包括有机氮、氨氮、总凯氏氮、亚硝酸盐氮、硝酸盐氮。

总凯氏氮＝有机氮＋氨氮

总氮＝总凯氏氮＋亚硝酸盐氮＋硝酸盐氮

有机氮是指蛋白质、氨基酸、肽、胨、核酸、尿素等有机物中未氨化的氨基中的氮；氨氮是指 NH_4^+，NH_3 等中的氮；亚硝酸盐氮和硝酸盐氮则是氨氮被硝化之后的产物，一般情况下，进水中的亚硝酸盐氮和硝酸盐氮含量很低，这两种类型的氮主要在生物池的好氧生物处理过程中产生。

氮是活性污泥中的微生物维持生命活动所必须的物质，一般来说，污水中的 COD:TN 达到 20:1 以上时，氮的含量才足够活性污泥维持生命活动的需要，这部分氮也是活性污泥法最低的脱氮能力，即不需要发生硝化—反硝化过程即可去除的氮。

7. TP 和 SP（总磷和磷酸盐，常用单位 mg/L）

磷在污水中的存在形态有溶解态和悬浮态两种，溶解态的磷即通常所说的磷酸盐（SP）。

磷和氮类似，也是活性污泥中的微生物维持生命活动所必须的物质，一般来说，污水中的 COD:TP 达到 100:1 以上时，磷的含量才足够活性污泥维持生命活动的需要，这部分磷也是活性污泥最低的除磷能力，即参与组成微生物生命体的磷的需用量。

8. 粪大肠杆菌群（常用单位：个 /L）

粪大肠杆菌群是用来判断污水中细菌数量的一个指标，实际上粪大肠杆菌普遍存在于人和动物的大肠内，并非致病菌。但是由于粪大肠杆菌比较容易实现分离培养，因此在水质指标中用粪大肠杆菌的含量来判断水样的细菌总量。

2.4 生物池参数

1. MLSS 和 MLVSS（混合液污泥浓度和挥发性污泥浓度，常用单位 mg/L）

MLSS 表征的是水样中污泥的含量，它既包括污泥中的有机成分也包括无机成分，它表示在曝气池单位容积混合液内所含有的活性污泥固体物的总质量。一般通过将混合液经滤纸过滤后在 105℃的条件下烘干 2h 称重进行测定。而 MLVSS 则是在测定 MLSS 时，将烘干后的泥样放入 600℃的马弗炉内进行灼烧后称量获得无机灰分的重量，MLVSS 即是通过 MLSS 减去此灰分的重量得出的。因此，MLVSS 反映的是活性污泥中有机成分的量，由于活性污泥中微生物体内有机成分的含量是相对稳定的，因此，MLVSS 是反映活性污泥中实际微生物含量的一个重要指标。相应的，MLSS 是一个比较粗略的指标。MLVSS 和 MLSS 的比值相对恒定，即 MLVSS/MLSS 值为 0.65～0.85，在以处理生活污水为主的城市污水活性污泥法系统中，其比值约为 0.75。

2. DO 和 ORP（溶解氧和氧化还原电位，常用单位 mg/L 和 mV）

DO 是曝气池中最重要的参数之一，在污泥性状稳定时，可以说曝气池中发生何种生化反应完全是由 DO 决定的。根据 DO 的不同，曝气池可以分为厌氧段、缺氧段和好氧段。ORP可以看作是不存在分子态氧时对DO的补充描述。一般情况下,厌氧段不应该存在化合态的氧和分子态的氧,其ORP应在-400 mV以下。缺氧段存在较多的化合态氧,氮的主要存在形式为亚硝酸根和硝酸根,其ORP值应在±100 mV以内。而好氧段的DO在2~3 mg/L之间时,ORP在+100 mV以上为宜。

好氧段的DO之所以不需要超过3 mg/L,是因为在DO>3 mg/L时,进一步增大DO对生化反应的速度和类型的影响已经微乎其微。同时,DO过大还会造成电耗增大、厌氧段失效、缺氧段失效、出水SS增大、总磷去除率低、总氮去除率低等不利影响。

3. SV30和SVI（30分钟沉降比和污泥指数）

SV30是模拟二沉池内30分钟沉降情况的一个指标,由于检测较为方便,成为常用的表征污泥性状的参数。SVI反映的是污泥的沉降性能,SVI=（1L混合液在30min内静置沉淀形成的活性污泥体积（mL））/（1L混合液中悬浮固体的干重）=SV30/MLSS。正常的活性污泥中,SVI应该在50~120之间,SVI过低（说明污泥活性不够）可能是由于活性污泥的无机成分过多造成的。SVI过高（说明可能发生污泥膨胀）有两种诱因:一是丝状菌大量繁殖;二是污泥负荷过高。

4. F/M（污泥负荷或者食微比,常用单位kgBOD/（kgMLSS·d）

单位重量的活性污泥在单位时间内所承受的有机物的数量,或生化池单位有效体积在单位时间内去除的有机物的数量为污泥负荷的概念。

F/M=$Q \times BOD_5$（每天进入系统中的食料量）/（MLSS×V_a）（曝气过程中的微生物量）

式中:Q为进水流量（m^3/d）;BOD_5为进水的BOD_5值（mg/L）;V_a为曝气池的有效容积（m^3）;MLSS为曝气池内活性污泥的浓度（mg/L）。

将F/M控制在较低水平是有利于增强氨氮的去除效果的,显然进水BOD不可控,那么可以实现降低F/M的方法为提高污泥浓度。

5. 污泥龄（SRT）和微生物增殖曲线

污泥龄（Sludge Retention Time）是指在反应系统内，微生物从其生成到排出系统的平均停留时间，也就是反应系统内的微生物全部更新一次所需的时间。从工程上说，就是在稳定条件下，曝气池中工作着的活性污泥总量与每日排放的剩余污泥数量的比。

微生物增殖曲线描述的是微生物被接种到一个营养和空间有限的相对适宜生存的环境中之后的增殖情况，包括调整期、对数期、稳定期和衰亡期。调整期较短，一般几个小时即可完成，在这个阶段，微生物一方面要适应环境，另一方面要积累对数期需要的营养物质；在对数期，微生物数量呈几何级数上升，这个阶段的微生物生长最为活跃，增殖最快；在稳定期，微生物的增加速度和死亡速率达到平衡，这个阶段的营养和空间已不足以支持微生物的大量繁殖，部分微生物开始死亡；衰亡期由于营养物质消耗殆尽，有毒物质大量积累，微生物开始大量死亡。

一般情况下，生物池内的微生物保持在稳定期为宜。控制微生物在生物池中所处的增殖周期的方式是通过调整污泥龄实现的，由于微生物的增殖与营养物质和空间有关系，因此，污泥龄的控制也受到进水负荷的影响，一般情况下，进水 COD 越高，污泥龄越长。

3 城镇污水处理厂的污水处理工艺

根据发展改革委和住房城乡建设部编制的《"十三五"全国城镇污水处理及再生利用设施建设规划》（2016—2020 年），在"十三五"期间，我国的城镇污水处理将完成 4220 万 m³/d 规模的提标改造，可见污水处理产业的市场需求很大。而且，国务院印发的《水污染防治行动计划》，简称"水十条"要求：到 2020 年底，全国所有县城和重点镇具备污水收集处理的能力，县城、城市的污水处理率分别达到 85% 和 95%，城镇污水的提标改造需求巨大。

高水平的城镇污水处理是实现水资源可持续利用的前提。城镇污水处理是高能耗行业，中国的城镇污水处理电耗已突破 100 亿 kWh，还将继续增大。另一方面，城镇污水"蕴含"着巨大的潜能。据美国计算，污水潜能是处理污水耗能的 10 倍！全球每日产生的污水潜能约相当于 1 亿 t 标准燃油，污水潜能开发可解决社会总电耗的 10%。城镇污水处理是资源循环利用的重要载体。本章介绍污水处理的一般工艺技术及流程。

3.1 污水处理的基本方法

3.1.1 按处理方法的性质分类

按照原理，污水处理技术可以分为物理处理法、化学处理法、物理化学处理法和生物化学处理法四类。

1. 物理处理法

利用物理作用分离污水中呈悬浮状态的固体污染物质。主要方法有筛滤法、沉淀法、过滤法、气浮法、反渗透法等。

2. 化学处理法

利用化学反应处理污水中各种形态（包括悬浮的、溶解的、胶体的）的污染物质。主要方法有混凝、中和、氧化还原、加药、萃取、吸附、离子交换等。

3. 物理化学处理法

是一种物理化学的分离过程。主要方法有气提、吹脱、吸附、萃取、离子交换、电解电渗析、反渗透等。

4. 生物化学处理法

利用微生物的代谢作用，使污水中呈溶解、胶体状态的有机污染物转化为稳定的无害物质。主要方法有活性污泥法、生物膜法、厌氧消化法、A^{2}O法等。

3.1.2 按污水处理的程度分类

按照处理程度，污水处理法可以分为一级处理法、二级处理法、三级处理法。一级处理法和二级处理法是城镇污水经常采用的处理方法，所以又称为常规处理法。

一级处理法主要是去除污水中呈悬浮状态的固体污染物质。经过一级处理后的污水，BOD_5 一般可以去除 20%～30%，SS 一般可以去除 40%～55%。一级处理法是二级处理法的预处理，主要包括粗格栅、细格栅、沉砂池、初沉池、气浮池、调节池。

二级处理法主要是去除污水中呈胶体和溶解状态的有机污染物质（即 BOD_5、COD_{Cr}），经过二级处理后，BOD_5 降至 20～30 mg/L。二级处理法通常采用生物法作为主体工艺，主要包括生物膜法和活性污泥法。生物膜法对 BOD_5 的去除率为 65%～90%，对 SS 的去除率为 60%～90%；活性污泥法对

BOD_5 的去除率为 65%~95%，对 SS 的去除率为 70%~90%。

三级处理法是经过一级、二级处理之后，进一步去除难降解的有机物、氮磷等导致水体富营养化的可溶性无机物、有毒有害有机化合物的处理过程。三级处理法主要有混凝沉淀法、过滤法、活性炭吸附法、臭氧氧化法、离子交换法、高级催化氧化法、曝气生物滤池法、纤维滤池法、活性砂过滤法、反渗透法、膜处理法等。三级处理有时也被称为深度处理或者高级处理，但二者又不完全相同。三级处理侧重于污染物去除，而深度处理或者高级处理往往是以污水再利用为目的而进行的。

典型的城镇污水处理流程见图 3.1。

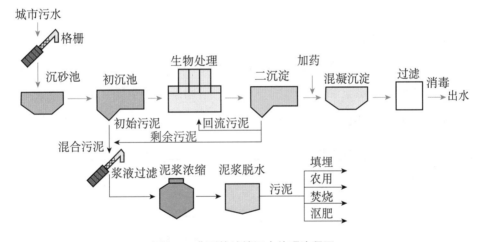

图 3.1　典型的城镇污水处理流程图

目前，城镇污水处理厂的生物化学处理法主要运用的是活性污泥法或生物膜法。活性污泥法主要有普通活性污泥法及其改进工艺、氧化沟工艺、SBR 工艺等。

3.2　污水的一级处理

一级处理又被称为机械处理，主要包括调节池、粗格栅、细格栅、沉砂池、初沉池、气浮池、水解酸化池。

3.2.1　调节池

调节池的作用：

（1）为了保证后续处理构筑物或设备的正常运行，需要对污水的水量和水质进行调节。

（2）将酸性污水和碱性污水在调节池内混合，可达到中和的目的。

（3）短期排出的高温污水也可用调节的办法来平衡水温。

3.2.2　格栅

格栅是由一组平行的金属栅条制成的金属框架（见图 3.2），斜置在废水流经的渠道上或泵站集水池的进口处，用以截阻大块的呈悬浮或漂浮状态的固体污染物，以免堵塞水泵和沉砂池的排泥管。格栅示意图见图 3.3。截留效果的好坏取决于缝隙的宽度和水的性质。

格栅按规格可分为粗格栅（50～100 mm）、中格栅（10～40 mm）和细格栅（3～10 mm）。

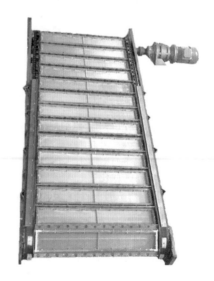

图 3.2　格栅

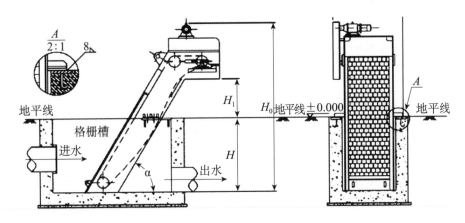

图 3.3　格栅示意图

3.2.3　沉砂池

沉砂池是指在进行污水处理的过程中，去除污水中密度较大的砂子、煤渣等无机颗粒的构筑物。沉砂池以重力或离心力分离为基础，控制污水在沉砂池内的流速，使得只有相对密度较大的无机颗粒下沉，而有机悬浮颗粒则随水流进入后续处理单元。

（1）作用

从污水中分离密度较大的无机颗粒，保护水泵和管道免受磨损，缩小污泥处理构筑物的容积，提高污泥有机组分的含率，提高污泥作为肥料的价值。

（2）分类

按水力学特点，沉砂池可以分为平流式、曝气式、旋流式、竖流式、多尔式等类型，其中平流式、曝气式和旋流式比较常见。

1）平流式沉砂池

平流式沉砂池（见图 3.4）实际上是一个入流渠道比出流渠道

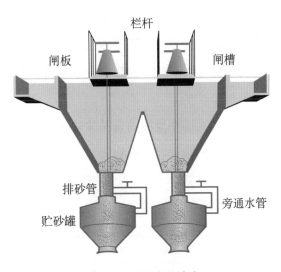

图 3.4　平流式沉砂池

宽且深的渠道,当污水流过时,由于过水断面增大,水流速度下降,废水中夹带的无机颗粒在重力的作用下下沉,从而达到分离污水中无机颗粒的目的。

2)曝气式沉砂池

曝气式沉砂池是在长方形水池的一侧通入空气,使污水做旋流运动,流速从周边到中心逐渐减慢,砂粒在池底的集砂槽中与水分离,污水中的有机物从砂粒上冲刷下来的污泥仍呈悬浮状态,随着水流进入后面的处理构筑物中,曝气式沉砂池的示意图如图3.5所示。

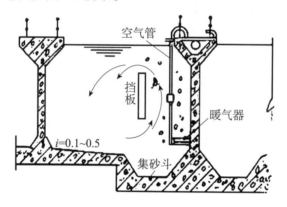

图3.5 曝气式沉砂池示意图

平流式沉砂池与曝气式沉砂池各有优缺点。

平流式沉砂池的最大缺点就是在其截留的沉砂中夹杂着一些有机物,这些有机物的存在使沉砂易于腐败发臭,夏季气温较高时尤甚,这样对沉砂的处理和周围环境会产生不利影响。平流式沉砂池的另一缺点是对有机物包裹的砂粒截留效果较差。

曝气式沉砂池的优点是除砂效率稳定,受进水流量变化的影响较小。水力旋转作用使砂粒与有机物分离效果较好,从曝气式沉砂池排出的沉砂中,有机物只占5%左右,即使长期搁置也不会腐败发臭。曝气沉砂的同时,还能起到气浮油脂并脱挥发性有机物的作用和预曝气充氧并氧化部分有机物的作用。曝气式沉砂池如图3.6所示。

图 3.6　曝气式沉砂池

3）旋流式沉砂池

旋流式沉砂池也被称为涡流沉砂池（见图 3.7），一般设计为圆形，池中心设有 1 台可调速的旋转桨板，进水渠道在圆池的切向位置，出水渠道对应圆池中心，中心旋转桨板下设有砂斗。它可以通过合理地调节旋转桨板的转速，有效地去除其他形式的沉砂池难以去除的细砂（0.1 mm 以下的砂粒）。其具有占地小、除砂效率高等特点，并且在国外得到广泛应用，但是这种池型及其除砂设备均为国外专利，其关键设备为国外产品，因此，旋流式沉砂池在国内的普及为时尚早。

图 3.7　旋流式沉砂池

3.2.4　初沉池

初沉池作为污水处理厂一级处理的主体处理构筑物，设在生物处理构筑物的前面。它的主要作用是去除悬浮物和部分 BOD$_5$、COD，而且对调节水质水量波动、改善生物处理构筑物的运行条件并降低其负荷也有较大作用。

（1）沉淀池的工作原理

利用水流中悬浮杂质颗粒向下沉淀速度大于水流向下流动速度、或向下沉淀时间小于水流流出沉淀池时间的原理，能以水流分离的原理实现水的净化。

（2）沉淀池的结构

进水区和出水区：使水流均匀地流过沉淀池，避免短流，减少紊流对沉淀产生的不利影响，同时减少死水区、提高沉淀池的容积利用率。

沉淀区：是沉淀颗粒与废水分离的区域。

污泥区：是污泥贮存、浓缩和排出的区域。

缓冲区：是分隔沉淀区和污泥区的水层区域，作用是保证已经沉淀的颗粒不因水流搅动而再行浮起。

（3）沉淀池与沉砂池的区别

沉砂池一般是设在污水处理厂生化构筑物之前的泥水分离的设施。分离的沉淀物质多为颗粒较大的砂子，沉淀物质密度较大，无机成分高，含水量低。污水在迁移、流动和汇集过程中不可避免地会混入泥砂。污水中的砂如果不预先沉降分离去除，则会影响后续处理设备的运行。最主要的是磨损机泵，堵塞管网，干扰甚至破坏生化处理工艺过程。

沉淀池一般是设在生化构筑物之前或生化构筑物之后用来进行泥水分离的构筑物，多为分离颗粒较细的污泥。在生化构筑物之前的称为初沉池，沉淀的污泥无机物成分较多，污泥含水率相对于二沉池污泥的低些。位于生化构筑物之后的沉淀池一般称为二沉池，沉淀的污泥多为有机污泥，污泥含水率较高。

（4）沉淀池的类型

初沉池按流态及结构形式可分为平流式沉淀池、竖流式沉淀池、辐流式沉淀池和斜板（管）沉淀池，主要设备为不同池型的刮泥机。平流式沉淀池和辐流式沉淀池广泛应用于大、中、小型等各种规模的污水处理厂，而竖流式沉淀池一般只用于小型污水处理厂，从目前来看此类型沉淀池也已很少使用了。斜板（管）沉淀池特别适用于污水处理厂占地紧张的情况。

1）平流式沉淀池

平流式沉淀池为矩形，构造简单，沉淀效果较好，占地面积较小（见图 3.8 和图 3.9）。当曝气池也为矩形时，与初沉池相连布置，可节省大量土地。主要设备为行车式刮泥机或链板式刮泥机。目前，大、中、小型污水处理厂均有采用。

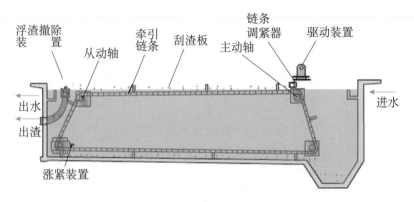

图 3.8　平流式沉淀池示意图

图 3.9　平流式沉淀池

2）竖流式沉淀池

占地面积小，排泥较方便，且便于管理，然而池深过大，施工困难，造价高，因此一般仅适用于中小型污水处理厂（见图 3.10 和图 3.11）。

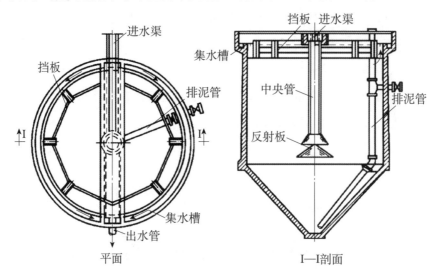

图 3.10　竖流式沉淀池示意图

图 3.11　竖流式沉淀池

3）辐流式沉淀池

辐流式沉淀池一般是圆形的，也有正方形的，适用于规模较大的污水处理厂，有定型的排泥机械，运行效果较好，但要求在较高的施工质量和管理水平下使用（见图 3.12 和图 3.13）。

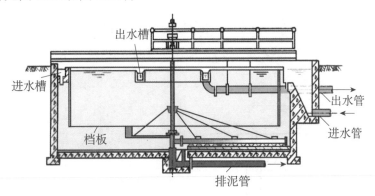

图 3.12　辐流式沉淀池示意图

图 3.13　辐流式沉淀池

4）斜板（管）沉淀池

斜板（管）沉淀池（见图 3.14）是根据浅层沉淀原理在方形池内设置若干斜板或蜂窝斜管，使悬浮固体实现浅层沉淀以节省占地面积和提高沉淀效率。这个类型的沉淀池的优点是可使里面的固体物质停留时间足够、占地少；缺点是容易滋生藻类植物、排泥困难、易堵塞、维护不便。

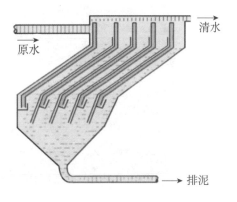

图 3.14　斜板（管）沉淀池示意图

3.2.5 气浮池

气浮池是在污水中通入空气，将产生的微小气泡作为载体，使污水中的乳化油、微小悬浮物等污染物黏附在气泡上，利用气泡的浮升作用上浮到水面，通过收集水面上的泡沫或浮渣，去除密度低且粒径小的悬浮物，除去浓度较高的乳化油，从而达到净化污水的目的。其工艺流程如图 3.15 所示。

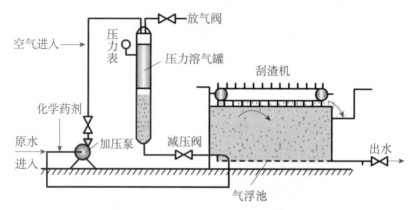

图 3.15　常用气浮工艺流程

3.2.6 水解酸化池

主要是将原有废水中的非溶解性有机物转变为溶解性有机物，特别是工业废水，将其中难生物降解的有机物转变为易生物降解的有机物，以提高废水的可生化性，并利于后续的好氧处理。水解酸化池如图 3.16 所示。

图 3.16　水解酸化池

3.3 污水的二级处理

污水的二级处理是污水经过一级处理后，再经过具有活性污泥的曝气池及沉淀池的处理，使污水进一步得到净化的工艺过程。其工艺见表 3.1，国内污水二级处理的主要工艺比较表见表 3.2。

表 3.1 污水二级处理的常用工艺

类型	具体工艺		
活性污泥法	传统活性污泥法		
	SBR法	传统SBR法	
		CASS	
		DAT-IAT	
		UNITANK	
		ICEAS	
	硝化工艺		
	A/O脱氮工艺		
	A/O除磷工艺		
	A/A/O工艺		
	A/B工艺		
	氧化沟	传统氧化沟	
		卡鲁塞尔氧化沟	
		双沟式氧化沟	
		三沟式氧化沟	
		奥贝尔氧化沟	
		一体化氧化沟	
生物膜法	生物滤池	普通生物滤池	
		高负荷生物滤池	
		塔式生物滤池	
		曝气生物滤池	
	生物转盘		
	生物流化床	好氧生物流化床	两相生物流化床
			三相生物流化床
		厌氧生物流化床	
	生物接触氧化		

续表

类型	具体工艺	
厌氧生物处理法	现有厌氧生物处理法	厌氧接触法
		厌氧生物滤池（AF）
		升流式厌氧污泥床（UASB）反应器
		厌氧附着膜膨胀床反应器（AAFEB）
		厌氧流化床（AFB）
		厌氧生物转盘（ARBC）
		挡板式厌氧反应器
		两相厌氧硝化工艺（分段厌氧消化法）
	厌氧生物处理新进展	厌氧内循环（IC）反应器
		厌氧膨胀颗粒污泥床（EGSB）反应器
	介于厌氧工艺与好氧工艺之间	水解酸化
自然条件下的生物处理法	稳定塘	曝气塘
		好氧塘
		兼性塘
		厌氧塘
	土地处理法	慢速渗滤系统
		快速渗滤系统
		地表漫流系统
		污水湿地处理系统
		人工土层快速渗滤处理系统
		地下渗滤土地处理系统

表 3.2　国内污水二级处理的主要工艺比较表

序号	主要工艺类型	适用的污水厂规模	污染物负荷	SS	COD	BOD	脱氮除磷功能	电子受体供给方式	典型泥龄(d)	反应池流态分布	典型曝气设备	处理流程占地	先进性	成熟性	污泥产生量	后续稳定处理	能耗	设备闲置率	操作管理维护	运转可靠性	单位建设成本	单位运行成本	备注说明
1	传统活性污泥(ASP)	I、II类	中	较好	一般	好	无	好氧	3~6	推流	鼓风曝气	中	较差	最好	中	需要,采用厌氧消化,节能效益高	较高,但规模越大,能耗越低	较低	较简单	好	中,规模越大,单位建设成本越低	中,规模越大,单位运行成本越低	只能作为常规二级处理法来采用,适用于大型城市污水处理厂
2	AB	III、IV、V类	高	好	较好	好	常规无,改良有,效果较差	好氧或缺氧	3~6,10~15	推流或循环流	鼓风或机械曝气	较高	一般	较好	大	需要	较高	较低	较复杂	较好	较高	较高	适合于高浓度污水处理、超负荷污水处理厂的改造,大型污水处理厂在资金严重不足而必须分期进行
3	一级强化或A段+排海(江)	I、II、III类	高、中	差	差	差	无	好氧或兼氧	0.5~1	推流	鼓风曝气	低	差	好	大	需要,如采用厌氧消化,节能效益高	低	低	简单	好	低	低	过渡型工艺,在性价比上有较好的优势,适用于排海、排江场合,目前已很少采用

27

序号	主要工艺类型	适用的污水规模	污染物负荷	主要污染物去除效效				技术特点								污泥		能耗	设备闲置率	操作管理维护率	运转可靠性	单位建设成本	单位运行成本	备注说明
				SS	COD BOD	脱氮功能	除磷功能	电子受体供给方式	典型泥龄（d）	反应池流态及分布	典型曝气设备	处理流程	规模占地	先进性	成熟性	产生量	后续稳定处理							
4 A/O	①	I、II、III、IV、V类	中	较好	好	可有	可有	厌氧（氧）/好氧空间交替	3～6	推流	鼓风曝气	较复杂	较高	一般	好	较大	需要	中	较低	一般	较好	中	较低	适用于除磷或者脱氮的场合
	②	I、II、III、IV、V类	高、中	较好	好	可有	可有	厌氧（氧）/好氧空间交替	3～7	推流	鼓风曝气	较复杂	较高	一般	较好	较大	需要	中	较低	一般	较好	中	较低	
5 A²/O	①	II、III、IV、V类	中	较好	好	一般		厌氧（缺氧）/好氧空间交替、内回流、进水分流	10～15	推流为主、局部完全混合	底部鼓风曝气	复杂	高	较好	较好	较大	需要	中	中	较复杂	较好	较高	中	适用于同时除磷和脱氮的场合
	②	II、III、IV、V类	中	较好	好	较好		厌氧（缺氧）/好氧空间交替、内回流、进水分流	10～15	推流为主、局部完全混合	底部鼓风曝气	复杂	高	好	一般	较大	需要	中	中	较复杂	较好	较高	中	增加了回流比，脱氮除磷效果较好

续表

序号	主要工艺类型	适用的污水厂规模	污染物负荷	主要污染物去除功效					技术特点						先进性	成熟性	污泥				操作管理维护	运转可靠性	单位建设成本	单位运行成本	备注说明
				SS	COD	BOD	脱氮功能	除磷功能	电子受体供给	典型泥龄(d)	反应池流态及形式	典型曝气设备	处理流程	规模占地			产生量	后续稳定处理	能耗	设备闲置率					
5	A²/O	③ Ⅲ、Ⅳ、Ⅴ类	中	较好	好	好	较好	较好	厌氧(缺)/好氧空间交替，进水分流	7~12	推流为主，局部完全混合	底部，鼓风曝气	复杂	高	好	一般	较大	需要	中	中	较复杂	较好	较高	中	增加了回流比，脱氮除磷效果较好
6	氧化沟（Oxidation Ditch）	① Ⅲ、Ⅳ、Ⅴ类	高、中	较好	较好	好	较好	较好	厌氧好氧空间交替	8~15	循环流	机械曝气	较简单	中	好	较好	中	不需要	高	较高	较简单	较好	较高	高	新型Carrouse 12000，Carrouse 13000适用范围更广、脱氮除磷效果更好
		② Ⅲ、Ⅳ、Ⅴ类	中	较好	较好	好	好	一般	厌氧好氧空间交替	10~15	循环流串流	机械曝气	较简单	中	好	较好	中	不需要	高	较高	一般	较好	高	高	推荐应用于中小规模的城市污水处理厂
		③ Ⅲ、Ⅳ、Ⅴ类	中	较好	较好	好	不稳定	不稳定	厌氧好氧空间交替	10~15	循环流串流交替流	机械曝气	较简单	中	好	较好	中	不需要	高	较高	一般	一般	中	中	适合间歇排放和流量变化较大的地方
		④ Ⅲ、Ⅳ、Ⅴ类	中	较好	较好	好	一般	一般	厌氧好氧空间交替	10~15	循环流串流交替流	机械曝气	较简单	中	好	较差	中	不需要	高	较高	一般	较差	中	高	

续表

序号	主要工艺类型	适用的污水厂规模	污染物负荷	主要污染物去除功效					技术特点						先进性	成熟性	污泥		能耗	设备闲置率	操作管理维护	运转可靠性	单位建设成本	单位运行成本	备注说明
				SS	COD	BOD	脱氮功能	除磷功能	电子受体供给方式	典型泥龄(d)	反应池流态及分布	典型曝气设备	处理流程	规模占地			产生量	后续稳定处理							
7	SBR（序列间歇式活性污泥法） ①	Ⅳ、Ⅴ类	中、低	好	较好	好	一般	一般	厌氧缺氧好氧时间交替	12~15	完全混合	鼓风曝气	简单	低	较好	较好	小	不需要	较低	较低	一般	一般	中	中	适用于中小城镇污水和厂矿企业的工业废水,尤其是间歇排放和流量较大变化的地方
	②	Ⅳ、Ⅴ类	中、低	好	较好	好	一般	一般	厌氧缺氧好氧时间交替	12~20	完全混合	鼓风曝气	较简单	低	好	较好	小	不需要	较低	中	较复杂	一般	较高	中	
	③	Ⅳ、Ⅴ类	中、低	好	较好	好	较好	较好	厌氧缺氧好氧空间及时间交替	12~22	完全混合	鼓风曝气	较简单	低	好	较好	小	不需要	较低	中	较复杂	一般	较高	中	

3.3.1　传统活性污泥法及硝化工艺

最早的活性污泥法是传统活性污泥法，主要功能是去除污水中的有机物和悬浮物，在处理过程中产生的污泥则采用厌氧消化方式进行稳定处理，对消除污水和污泥的污染很有效果，而且能耗和运行费用都比较低，因而得到广泛应用，适合不要求脱氮除磷的大型或较大型污水处理厂应用。其工艺流程如图3.17 所示。

图 3.17　传统活性污泥法工艺流程图

活性污泥法对有机物的降解主要在曝气池中进行，可分为吸附阶段和稳定阶段。在吸附阶段，主要是将污水中的有机物转移到活性污泥上去，这是由于活性污泥具有巨大的比表面积，而表面上含有多糖类的黏性物质所致。在稳定阶段，主要是转移到活性污泥上的有机物为微生物所利用。当污水中的有机物处于悬浮状态和胶态时，吸附阶段很短，一般是 15～45 min，而稳定阶段较长。

20 世纪 70 年代之后，为了控制氨氮对水环境的危害，很多国家开始要求污水处理厂必须进行硝化处理，污水处理工艺演变成硝化工艺。传统活性污泥法及硝化工艺流程见图 3.18，流程中的虚线表示需要根据实际情况进行选择（下同）。传统活性污泥法及硝化工艺的优缺点见表 3.3。

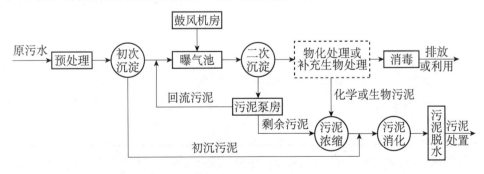

图 3.18　传统活性污泥法及硝化工艺流程图

表 3.3　传统活性污泥法及硝化工艺的优缺点

优点	缺点
1. 去除有机物效果好，BOD_5可去除90%～95%，可将部分氨氮转变成硝酸盐氮	1. 生物脱氮除磷效果差
2. 技术成熟，安全可靠	2. 对进水水质、水量变化的适应性较差，运行效果易受水质、水量变化的影响
3. 污泥经厌氧消化可达到稳定状态	3. 如果污泥稳定采用厌氧消化工艺，则管理相对复杂
4. 适用于大型污水处理厂，处理成本较低	4. 目前不少污水处理厂的污泥消化部分，尤其是沼气回收利用部分未运行或运行效果不理想
5. 厌氧消化产生的沼气可以利用	

3.3.2　SBR法

（1）传统SBR工艺

SBR是序批式活性污泥法的简称，是一种按间歇曝气方式来运行的活性污泥污水处理技术，主要适用于市政污水的处理和中低浓度的工业废水处理。目前，SBR已在国内外广泛应用，主要用于城市污水及味精、啤酒、制药、焦化、餐饮、造纸、印染、洗涤、屠宰等工业废水的处理。

主要特征是在运行上的有序和间歇操作，SBR技术的核心是SBR反应池，该池集均化、初沉、生物降解、二沉等功能于一池，按时序周期运行，一天分为4个或6个周期，每个周期中的不同时段依次为进水、反应、沉淀、排水，周而复始。由于进水不连续，而来水是连续的，所以通常会设置两个或者两个以上的池子。同时由于进水、排水不连续，传统SBR反应池呈变水位运行。

传统SBR工艺的优缺点见表3.4，传统SBR工艺流程图如图3.19所示。

表 3.4　传统SBR工艺的优缺点

优点	缺点
1. 不设初沉池、二沉池、回流污泥设施，流程简单，占地少，管理方便	1. 对自控要求高，对操作人员技术水平的要求较高
2. 静止沉淀出水水质好	2. 设备利用率不高，装机容量大
3. 传统SBR工艺主要采用的是时序控制和水位控制，易于做到远程控制和无人管理，特别适用于中小型污水处理厂	3. SBR工艺主要通过在时序上形成好氧段、缺氧段和厌氧段来去除有机物、氮和磷，但不少情况下三者难以兼顾

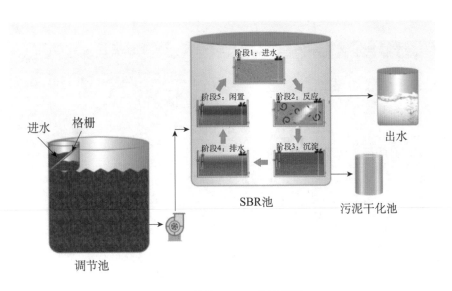

图 3.19　传统 SBR 工艺流程图

（2）各种 SBR 改进型工艺

近年来，SBR 技术发展较快，衍生出了众多改进型工艺。目前，SBR 改进型工艺主要有：间歇式循环延时曝气活性污泥法（ICEAS）、循环式活性污泥法（CASS）、需氧池和间歇曝气池法（DAT-IAT）、一体化活性污泥法（UNITANK）、改良式间歇活性污泥法（MSBR）等。各种 SBR 改进型技术的详细特点见表 3.5。

表 3.5　SBR 改进型工艺一览表

工艺名称	工作原理	特点	工艺流程图
间歇式循环延时曝气活性污泥法（ICEAS）	连续进水，间歇排水，由曝气、沉淀和滗水三个阶段组成，反应器由进水端的预反应器和主反应区组成	1. 运行方式为连续进水（沉淀期和排水期仍保持进水）、间歇排水，工艺上没有明显的闲置阶段； 2. 在同一池子中完成好氧-缺氧-厌氧的阶段，经多年运行观察，没有发现丝状菌导致的污泥膨胀；在正常运行情况下，也没有污泥反硝化上浮； 3. 设施简单，管理方便，比传统 SBR 工艺的费用更省，在国内外已得到广泛应用； 4. 适用于中小型污水处理厂	详见图3.20

工艺名称	工作原理	特点	工艺流程图
循环式活性污泥法（CASS）	CASS工艺将可变容积活性污泥法和生物选择器原理有机地结合起来，具有同步脱氮除磷的效果，通常是4 h一个周期，其中2 h进水反应，1 h沉淀，1 h滗水。在进水反应阶段，池中连续曝气，但控制曝气量，确保反应时段第一小时池中溶解氧低于0.5 mg/L，并接近0，第二小时前期溶解氧为1.0 mg/L，后期溶解氧达2 mg/L	1. 在池首段设生物选择器，有利于抑制丝状菌膨胀； 2. 主反应池按照同步硝化、反硝化运行； 3. 具有较强的系统稳定性、对水质水量变化有较大的适应性和操作灵活性、有较好的脱氮除磷效果、投资和运行费用低、水头损失较大等特点； 4. 适用于进水水质较低，冬季温度较高的中部或南部区域，且通常适用于中小型污水处理厂	详见图3.21
需氧池和间歇曝气池法（DAT-IAT）	DAT-IAT工艺是一种连续进水、间歇出水的SBR工艺，它由需氧曝气池（DAT）和间歇曝气池（IAT）串联组成。DAT和IAT容积相同，由导流墙隔开，污水连续进入DAT，经过导流墙底部的小孔以层流速度进入IAT，DAT连续进行曝气反应，IAT一般按照3h一个周期来运行，1h曝气、1h沉淀、1h滗水	1. 增加了工艺处理的稳定性，DAT池起到了水力均衡和防止连续进水对出水水质影响的作用； 2. 提高了池容的利用率； 3. 提高了设备的利用率； 4. 增加了整个系统的灵活性； 5. 该工艺适用于水质水量不均匀、冲击负荷较大的污水处理厂	详见图3.22

工艺名称	工作原理	特点	工艺流程图
一体化活性污泥法（UNITANK）	UNITANK由3个矩形池组成，3个池通过彼此间隔墙上的开口实现水力相通，每个单元都配有曝气系统，可以表面曝气或鼓风曝气，中间池始终作为曝气池来使用，两个边池既可作曝气池也可作沉淀池，设有溢流堰，用于排水和排放剩余污泥。污水可以交替进入任一池，可以实现连续进水、连续排水的目的	1. 采用固定堰出水，不用滗水器； 2. 三池系统，进出水方向周期交替，比单池系统运行控制更复杂； 3. 连续排水，不同于传统SBR工艺法的间歇排水； 4. 适用于用地特别紧张的中小型污水处理厂	详见图3.23
改良式间歇活性污泥法（MSBR）	MSBR工艺通常由7个单元组成，分别为厌氧池、缺氧池、好氧池、2个序批池、泥水分离池和污泥缺氧池，污水先进入厌氧池，经缺氧进入主曝气池，好氧处理后的污水由内循环回流泵分别泵入左右两侧的序批分池中，两池的功能相同，周期处于好氧-缺氧-厌氧的循环中，剩余污泥分别经泥水分离池和前端缺氧池，由污泥泵排出反应器，回流污泥则进入厌氧池，而经泥水分离池澄清后的尾水则排出反应池	1. 综合了A/A/O工艺和SBR工艺的优点，结构简单紧凑、占地面积小、土建造价低、自动化程度高； 2. MSBR工艺保持连续进水，反应池始终保持满水位、恒水位来运行，改善了系统承受冲击负荷和有机物冲击负荷的能力，反应池容积及设备利用率高； 3. 脱氮除磷效果好，有机物降解更完全	详见图3.24

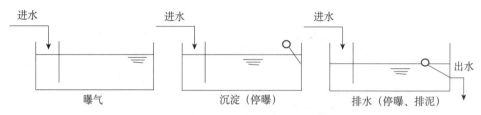

(a) ICEAS生化反应池运行周期示意图

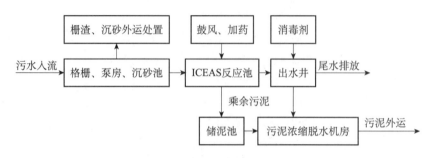

(b) ICEAS工艺流程图

图 3.20

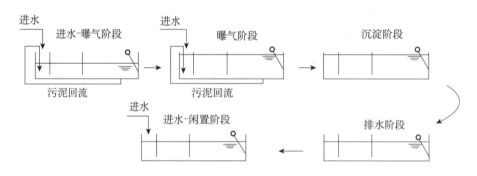

图 3.21 CASS 工艺流程图

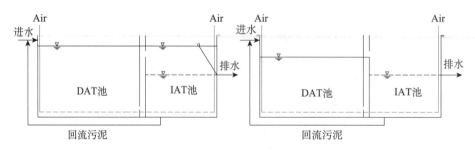

图 3.22 DAT–IAT 工艺流程图

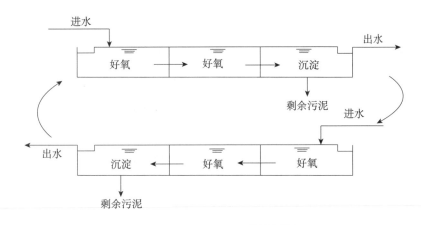

图 3.23　UNITANK 工艺流程图

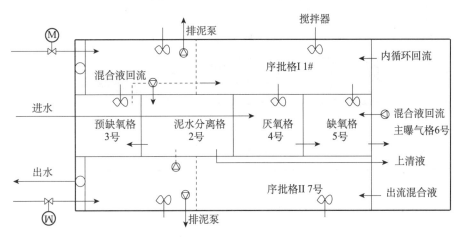

图 3.24　MSBR 工艺流程图

3.3.3　A/O工艺

（1）A/O 脱氮工艺

A/O 脱氮工艺是 20 世纪 80 年代开发的工艺，也称为"前置式反硝化生物脱氮系统"，是在传统活性污泥法曝气池（好氧池）的前端增设缺氧池，好氧池产生的混合液回流到缺氧池，在缺氧池中，回流的硝酸盐氮利用原污水中的碳源进行反硝化，在好氧池中完成 BOD_5 去除及硝化过程。

A 段 DO 不大于 0.2 mg/L，O 段 DO 为 2～4 mg/L。在缺氧段，异养菌将污水中的淀粉、纤维、碳水化合物等悬浮污染物和可溶性有机物水解为有机酸，使大分子有机物分解为小分子有机物，不溶性的有机物转化成可溶性有机物，当这些经缺氧水解的产物进入好氧池进行好氧处理时，可提高污水的可生化性及氧的效率；在缺氧段，异养菌将蛋白质、脂肪等污染物进行氨化（有机链上的 N 或氨基酸中的氨基）游离出氨（NH_3、$NH+4$），在充足的供氧条件下，自养菌的硝化作用将 NH_3-N（$NH+4$）氧化为 $NO-3$，通过回流控制返回至 A 池，在缺氧条件下，异氧菌的反硝化作用将 $NO-3$ 还原为分子态氮（N_2），完成 C、N、O 在生态中的循环，实现污水的无害化处理。A/O 脱氮工艺流程如图 3.25 所示。

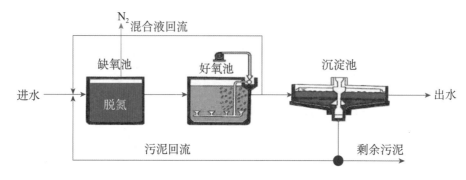

图 3.25 A/O 脱氮工艺流程图

A/O 脱氮工艺的优缺点见表 3.6。

表 3.6 A/O 脱氮工艺的优缺点

优点	缺点
1. 在去除有机物的同时可生物脱氮，效率高	1. 生物除磷效果差
2. 污泥经厌氧消化可达稳定	2. 反应池和二沉池的容积较传统活性污泥法大幅增加
3. 根据不同脱氮要求可灵活调节运行工况	3. 污泥内回流量大，能耗较高
4. 用于大型污水处理厂时，处理成本较低	4. 我国很多污水处理厂的碳氮比过低，无法满足脱氮要求
	5. 用于中小型污水处理厂时，费用偏高

（2）A/O 除磷工艺

A/O 除磷工艺是在普通活性污泥法曝气池（好氧池）的前端增设厌氧池，利用聚磷菌在厌氧状态下释放磷，在随后的好氧环境中过量吸收磷，形成富磷污泥，通过富磷剩余污泥的排放去除污水中的磷。A/O 除磷工艺流程图如 3.26 所示。

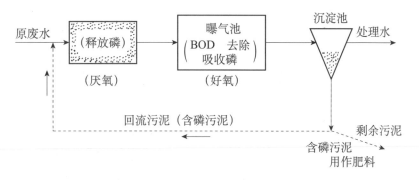

图 3.26　A/O 除磷工艺流程图

A/O 除磷工艺的优缺点见表 3.7。

表 3.7　A/O 除磷工艺优缺点

优点	缺点
1. 在去除有机物的同时可生物除磷	1. 生物脱氮效果差；
2. 污泥沉降性能好	2. 如果进水 C/P 比较低，或者出水磷标准高时，单纯的生物除磷便往往不能达标，需要补充化学除磷
3. 污泥经厌氧消化可达稳定	3. 用于中小型污水处理厂时，费用偏高
4. 用于大型污水处理厂时，处理成本较低	4. 目前不少污水处理厂的沼气回收利用部分未运行或者运行效果不理想
	5. 污泥浓缩池或者消化池的污泥上清液需要化学除磷

3.3.4　A/A/O 工艺

（1）A/A/O 脱氮除磷工艺

A/A/O 污水处理系统使污水经过厌氧、缺氧及好氧三个生物处理过程（简称 A/A/O)），达到同时去除 BOD、氮和磷的目的。该工艺于 20 世纪 70 年代由美国专家在厌氧 - 好氧除磷工艺（A/O）的基础上开发出来，该工艺具有脱氮除磷的功能，是一种典型的二级处理工艺。该工艺在厌氧、好氧除磷工艺中加了一个缺氧池，厌氧池用于生物除磷，缺氧池用于生物脱氮。原污水中的 BOD_5 首先进入厌氧池，聚磷菌优先利用污水中易生物降解的有机物成为优势菌种，为除磷创造有利条件；然后污水进入缺氧池，反硝化菌利用其他可能利用的碳源将回流到缺氧池的硝态氮还原成氮气排入大气中，达到脱氮的目的；COD$_{Cr}$、BOD$_5$、氨氮及磷酸盐等污染物主要在好氧池中好氧降解或转化。A/A/O 工艺流程图如图 3.27 所示。

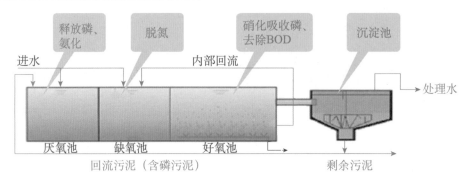

图 3.27　A/A/O 工艺流程图

A/A/O 工艺的优缺点见表 3.8。

表 3.8　A/A/O 工艺的优缺点

优点	缺点
1. 具有同时去除有机物、脱氮除磷的功能	1. 反应池容积大
2. 出水水质好，给回用创造了良好条件	2. 污泥内回流量大，能耗较高
3. 污泥经厌氧消化可达稳定，丝状菌不会大量繁殖，SVI一般小于100ml/g，通常不会发生污泥膨胀	3. 用于中小型污水处理厂时，费用偏高
4. 用于大型污水处理厂时，处理成本较低	4. 目前不少污水处理厂的沼气回收利用部分未运行或者运行效果不理想
5. 根据不同的脱氮要求可灵活调节运行工况	5. 浓缩池或者消化池上清液需要化学除磷
6. 厌氧消化产生的沼气可以再利用	

（2）倒置 A/A/O 工艺

将 A/A/O 工艺的缺氧池放在厌氧池的前面，取消混合液回流，同时将原污水进行分流，一部分直接进入缺氧池，一部分直接进入厌氧池，就变成了倒置 A/A/O 工艺，其工艺流程图如图 3.28 所示。

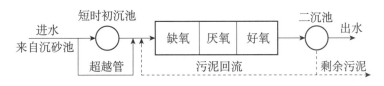

图 3.28　倒置 A/A/O 工艺流程图

倒置 A/A/O 工艺的优缺点见表 3.9。

表 3.9　倒置 A/A/O 工艺的优缺点

优点	缺点
1. 可以减轻回流污泥中硝态氮对生物除磷的不利影响，提高除磷效率	1. 只有回流污泥中的硝态氮得到了反硝化，但反硝化不够完全
2. 取消了内回流，可以节约部分动力	2. 适用于对除磷、硝化要求较高，而对脱氮要求不高的情况
3. 流程形式和规模要求与传统法工艺更为接近，在老厂改造方面更具推广优势	
4. 用于大型污水处理厂时，处理成本较低	
5. 根据不同的脱氮要求可灵活调节运行工况	
6. 厌氧消化产生的沼气可以再利用	

3.3.5　AB工艺

AB 工艺也被称为吸附氧化活性污泥法，是串联的两阶段活性污泥法，污水由排水系统经格栅和沉砂池直接进入 A 段，该段为吸附段，负荷较高，泥龄短，水力停留时间很短，约为 30 min，有利于增殖速度较快的微生物生长繁殖。废水经过 A 段处理后，BOD 去除率达 40%～70%，可生化性有所提高，有利于 B 段的工作；A 段污泥产率较高，吸附能力强，重金属、难降解物质以及氮、磷等植物性营养物质等都可能通过污泥的吸附作用得以去除。

污水从 A 段流出后进入 B 段，B 段为生物氧化段，属于传统活性污泥法，一般在较低负荷下运行，停留时间为 2～6 h，泥龄较长，为 15～20 d。B 段发生硝化和部分反硝化，活性污泥沉淀效能好，出水 SS 和 BOD 一般小于 10 mg/L。

AB 工艺主要有下列特征：未设初沉池，由吸附池和中间沉淀池组成的 A 段为一级处理系统；B 段由曝气池和二次沉淀池组成；A、B 两段各自拥有独立的污泥回流系统，两段完全分开，各自有独特的微生物群体，有利于功能的稳定。AB 工艺流程如图 3.29 所示。

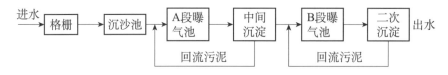

进水 → 格栅 → 沉沙池 → A段曝气池 → 中间沉淀 → B段曝气池 → 二次沉淀 → 出水
回流污泥　　　　回流污泥

图 3.29　AB 工艺流程图

AB 工艺的优缺点见表 3.10。

表 3.10　AB 工艺的优缺点

优点	缺点
1. A 级以显著小的池容和能耗去除大量的污染物，效益明显，B 级按照低负荷、长泥龄运行，出水水质稳定	1. A 段在运行中如果控制不好，很容易产生臭气，影响附近的环境
2. A 级和 B 级的负荷、泥龄、溶解氧浓度都有较大差异，形成不同的微生物环境，A 级主要是好氧和兼氧微生物，它们个体小，具有较高的比表面积，代谢增长快，生理活性高，具有较强的絮凝吸附和降解有机物的能力。B 级主要是专性好氧菌和原生动物，它们的生长期较长，要求稳定的环境，游离细菌被原生动物吞食，菌胶团占优势，促进生物絮凝，提高出水水质	2. 当对除磷脱氮要求很高时，A 段不宜再按 AB 工艺原来去除有机物的分配比去除 BOD_5 5%～60%，因为这样 B 段曝气池的进水含碳有机物含量的碳/氮比偏低，不能有效地脱氮
3. A 级和 B 级是独立的，当冲击负荷影响 A 级时，B 级受影响较小，A 级会起到调节和缓冲的作用，为整个系统的稳定运行提供了有利保证	3. 污泥产率高，A 段产生的污泥量较大，约占整个处理系统污泥产量的80%左右，且剩余污泥中的有机物含量高，这给污泥的最终稳定化处置带来了较大压力

总体而言，AB 工艺适用于污水浓度高、具有污泥消化等后续处理设施的大中规模的城市污水处理厂，可产生明显的节能效果。对于脱氮要求很高的城市污水处理厂来说，一般不宜采用。

3.3.6 氧化沟工艺

氧化沟工艺是一种改良的活性污泥法，其曝气池呈封闭的沟渠形，污水和活性污泥混合液在其中循环流动，因此被称为"氧化沟"，又称"环形曝气池"。基本特点是污水在一个首尾相接的闭合沟道中循环流动，沟内设有曝气和推动水流的装置，污水可在流动过程中得到净化。

目前氧化沟已经成为我国城镇污水处理厂的主导工艺之一，其工艺流程如图 3.30 所示，常用的氧化沟形式包括双沟式氧化沟、三沟式氧化沟、卡鲁塞尔氧化沟、一体化氧化沟和奥贝尔氧化沟等。

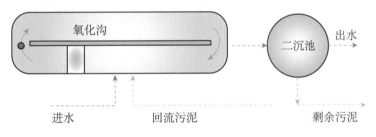

图 3.30 氧化沟工艺流程图

（1）双沟式氧化沟工艺

最初的双沟式氧化沟是从单沟式氧化沟演变而来的。单沟式氧化沟的生物处理和固液分离在同一沟内完成，因此只能采用间歇运行方式，与连续进出水的要求不协调，于是开发了双沟式氧化沟，这样污水可以连续交替进入两条沟，两沟交替发挥反应和沉淀功能，但这种氧化沟沉淀池与反应池大小相同，设备和容积利用率低。为提高设备和容积利用率，开发出了设有单独沉淀池的第二代双沟式氧化沟。这种双沟式氧化沟的沉淀池容积显著减小，同时两沟交替作为好氧区和缺氧区，不存在混合液内回流的问题。

（2）三沟式氧化沟工艺

三沟式氧化沟是在双沟式氧化沟的基础上开发而来的，它将双沟并联扩展为三沟并联，中沟作为反应池，两个边沟轮流作为反应池和沉淀池，污水可从三沟中的任一沟进入，但只能从边沟排出。它相当于将双沟式氧化沟的反应池和沉淀池组合在了一起，成为一个一体化的处理构筑物。

（3）卡鲁塞尔氧化沟工艺

卡鲁塞尔（Carrousel）氧化沟的表面曝气机单机功率大，其水深可达 5 m 以上，使氧化沟面积减少，土建费用降低。由于曝气机功率大，使得氧的转移效率大大提高，平均传氧效率至少达到 2.1kg/kW·h。因此这种氧化沟具有极强的混合搅拌耐冲击能力。当有机负荷较低时，可以停止运行某些机器，以节约能耗。

1）传统卡鲁塞尔氧化沟工艺（见图3.31）

实践证明该工艺具有投资少、处理效率高、可靠性高、管理方便和运行维护费用低等优点。卡鲁塞尔氧化沟使用的是立式表面曝气机，曝气机安装在沟的一端，因此形成了靠近曝气机下游的富氧区和上游的缺氧区，有利于生物絮凝，使活性污泥易于沉降。

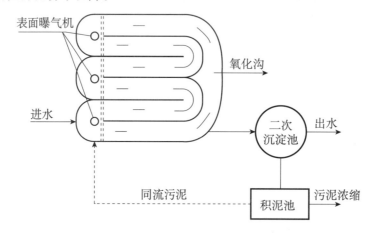

图 3.31 传统卡鲁塞尔氧化沟工艺流程图

2）单级卡鲁塞尔氧化沟脱氮除磷工艺

单级卡鲁塞尔氧化沟（见图3.32）有两种形式：一是有缺氧段的卡鲁塞尔氧化沟，可在单一池内实现部分反硝化作用，使用于有部分反硝化要求、但要求不高的场合。另一种是卡鲁塞尔 A/C 工艺，即在氧化沟上游加设厌氧池，可提高活性污泥的沉降性能，有效控制活性污泥膨胀，出水磷的含量通常在 2.0 mg/L 以下。以上两种工艺一般用于现有氧化沟的改造，与标准的卡鲁塞尔氧化沟工艺相比变动不大，相当于传统活性污泥法的 A/O 工艺和 A/A/O 工艺。

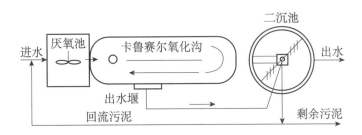

图 3.32　单级卡鲁塞尔氧化沟工艺（A/C）流程图

3）合建式卡鲁塞尔氧化沟工艺

合建式卡鲁塞尔氧化沟（见图 3.33）也被称为卡鲁塞尔 2000 型（一种先进的生物脱氮除磷工艺），它在构造上的主要改进是在氧化沟内设置了一个独立的缺氧区。缺氧区回流渠的端口处装有一个可调节的活门。根据出水含氮量的要求，调节活门的张开程度，可控制进入缺氧区的流量。缺氧区和好氧区合建式氧化沟的关键在于对曝气设备充氧量的控制，必须保证进入回流渠处的混合液处于缺氧状态，为反硝化创造良好环境。缺氧区内有潜水搅拌器，具有混合和维持污泥悬浮的作用。

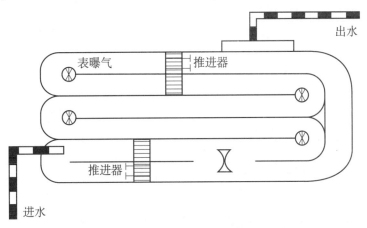

图 3.33　卡鲁塞尔 2000 型氧化沟系统

三阶段在卡鲁塞尔 2000 型基础上增加了前置厌氧区，可以达到脱氮除磷的目的，被称为 A/A/C 卡鲁塞尔氧化沟。A/A/C 氧化沟与 A/A/O 很相似，由于该型氧化沟采用的是独特的水力构造，可以取消由好氧池至缺氧池的混合液回流设备，因而节约了用于混合液回流的能耗。因为增加了独立的厌氧池和缺氧池，所以 A/A/C 氧化沟出水指标可以达到 $BOD_5<10mg/L$、$SS<15mg/L$、$TN<7mg/L$、$TP<1mg/L$ 的较高水平，其工艺流程如图 3.34 所示。

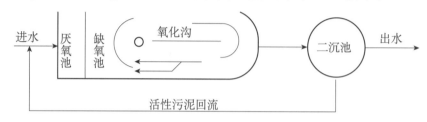

图 3.34　A/A/C 卡鲁塞尔氧化沟工艺流程图

四阶段卡鲁塞尔–巴登弗（Bardenpho）系统在卡鲁塞尔 2000 型系统的下游增加了第二缺氧池及再曝气池，从而能够实现更高程度的脱氮作用，其工艺流程如图 3.35 所示。

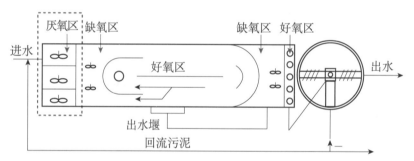

图 3.35　四阶段卡鲁塞尔–巴登弗型氧化沟工艺流程图

五阶段卡鲁塞尔–巴登弗系统在 A/A/C 卡鲁塞尔系统的下游增加了第二缺氧池和再曝气池，从而能够实现更高程度的脱氮和除磷作用，其工艺流程如图 3.36 所示。

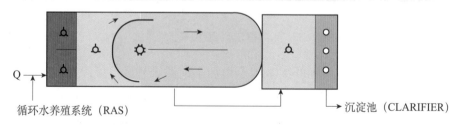

图 3.36　五阶段卡鲁塞尔–巴登弗型氧化沟工艺流程图

综上所述，厌氧、缺氧与好氧合建的氧化沟系统可以分为三阶段 A/A/O 系统以及四阶段、五阶段巴登弗系统，这几个系统均是 A/O 系统的强化和反复，因此这种工艺的脱氮除磷效果很好，脱氮率可达 90%～95%。

（4）一体化氧化沟工艺

一体化氧化沟是指二沉池设在氧化沟内的合建式氧化沟，实质上是对卡鲁塞尔氧化沟的改进，是将单独的二沉池改为在氧化沟内设置的沉淀器。它不同于三沟式氧化沟，后者的各沟功能可交替变换，也不同于 SBR 工艺，可随时间来改变反应池的功能。

（5）奥贝尔氧化沟工艺

奥贝尔氧化沟的典型特征是结构为多沟道同心圆，污水通常从外沟进入，也可从中沟和内沟进入，回流污泥则进入外沟。沟之间有连通孔道，污水依次从外沟进入到中沟再进入到内沟，再从内沟流往二沉池，混合液从内沟流向外沟。其工艺流程见图 3.37 所示。

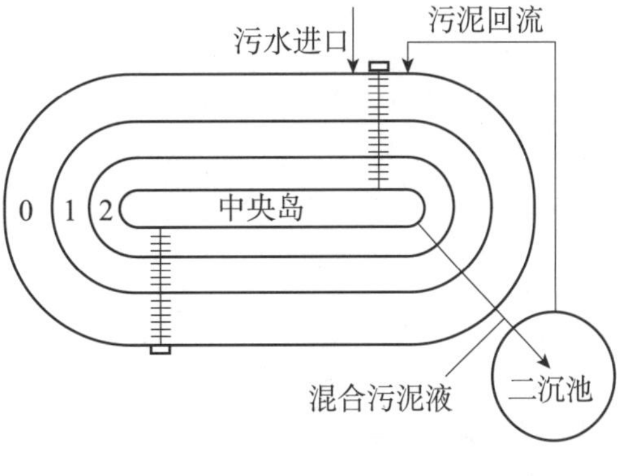

图 3.37 奥贝尔氧化沟工艺流程图

各类氧化沟工艺的优缺点见表 3.11。

表 3.11 各类氧化沟工艺的优缺点

氧化沟名称	优点	缺点
双沟式氧化沟	1. 流程简单，管理方便； 2. 可生物脱氮，出水水质好； 3. 污泥能够同步稳定，不需要厌氧消化； 4. 对中小型污水处理厂来说，投资较省，成本较低； 5. 改进型卡鲁塞尔氧化沟工艺的脱氮效果较好	1. 如果需要除磷，则需要另外设置厌氧池； 2. 实行的是周期运行的方式，对自控要求高； 3. 设备利用率较低； 4. 污泥稳定性不如厌氧消化的好
三沟式氧化沟		1. 如果需要除磷，则需要另外设置厌氧池； 2. 实行的是周期运行的方式，对自控要求高； 3. 氧化沟容积和设备利用率较低； 4. 污泥稳定性不如厌氧消化的好

续表

氧化沟名称	优点	缺点
卡鲁塞尔氧化沟	1.流程简单,管理方便; 2.可生物脱氮,出水水质好; 3.污泥能够同步稳定,不需要厌氧消化; 4.对中小型污水处理厂来说,投资较省,成本较低; 5.改进型卡鲁塞尔氧化沟工艺的脱氮效果较好	1.如果需要除磷,则需要另外设置厌氧池; 2.采用分建式方法来建造,占地面积较大; 3.污泥稳定性不如厌氧消化的好
一体化氧化沟		1.如果需要除磷,则需要另外设置厌氧池; 2.沟内的固液分离效果需要强化; 3.污泥稳定性不如厌氧消化的好
奥贝尔氧化沟		1.采用分建式方法来建造,占地面积较大; 2.污泥稳定性不如厌氧消化的好; 3.若要除磷则需要增大池容,调整运行参数

3.3.7 生物膜法

生物膜法是一种属于好氧生物处理的方法,它是将废水通过好氧微生物和原生动物、后生动物等在载体填料上生长繁殖形成的生物膜,用来吸附和降解有机物,使废水得到净化的方法。根据装置的不同,生物膜法可分为生物滤池工艺、生物转盘工艺、生物接触氧化法工艺和生物流化床工艺四种。前三种用于需氧生物处理过程,后一种用于厌氧过程。它们的运行都是间歇性的,过滤—休闲或充水—接触—放水—休闲构成一个工作周期。

（1）生物滤池工艺

一种用于处理污水的生物反应器，内部填充惰性过滤材料，材料表面生长着生物群落，用以处理污染物。生物滤池工艺见表 3.12。

表 3.12　生物滤池工艺

基本原理	主要分类	构造组成	主要特点
含有污染物的废水从上而下，从长有丰富生物膜的滤料的空隙间流过，与生物膜中的微生物充分接触，其中的有机污染物被微生物吸附并降解，使得废水得以净化。主要净化功能依靠的是滤料表面的生物膜对废水中有机物的吸附氧化降解作用	普通生物滤池（见图3.38）	1.池体：多为圆形、方形或矩形，围挡滤料保护布水； 2.滤料； 3.布水装置：移动式布水器和固定式喷嘴布水器； 4.排水系统：由排水假底、渗水装置和集水沟组成	处理效果好，BOD_5 去除率可达90%以上，出水水质稳定。但占地面积大，易于堵塞，影响环境卫生
	高负荷生物滤池（见图3.39）		1.大幅度提高了滤池的负荷率； 2.高负荷率是通过限制进水 BOD_5 和运行上采取处理水回流等技术措施而达到目的的； 3.处理水回流可以均化与稳定进水水质、加大水力负荷，及时冲刷过厚和老化的生物膜，加速生物膜更新，抑制厌氧层发育，使生物膜经常保持较高的活性，抑制滤池蝇的过度生长，减轻臭味
	塔式生物滤池（见图3.40）		1.通风良好，污水、空气、滤料接触充分，充氧效果良好，传质速度快； 2.负荷率高，水力负荷为高负荷生物滤池的2～10倍，生物膜活性高，净化效率高； 3.滤层内部的分层能够承受较高的有机污染物的冲击负荷
	曝气式生物滤池（见图3.41）		1.占地面积小，基建投资省； 2.处理效率高，出水水质好； 3.氧利用率高； 4.抗冲击负荷能力强，受气候、水量和水质变化的影响较小

49

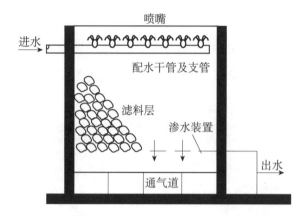

图 3.38　普通生物滤池示意图

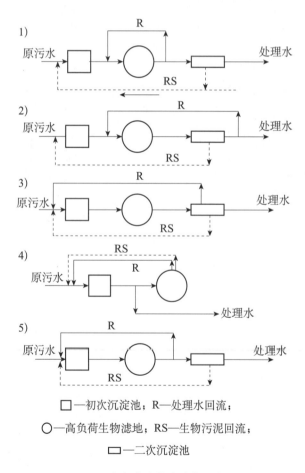

□—初次沉淀池；R—处理水回流；

〇—高负荷生物滤地；RS—生物污泥回流；

▭—二次沉淀池

图 3.39　高负荷生物滤池典型流程图

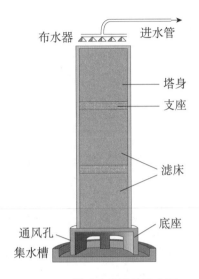

图 3.40　塔式生物滤池示意图

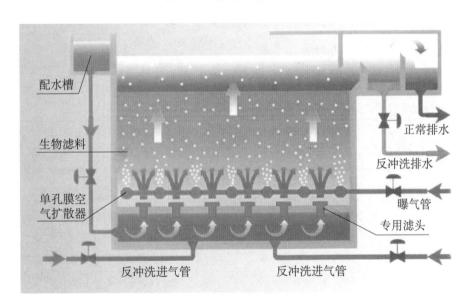

图 3.41　曝气式生物滤池示意图

（2）生物转盘工艺

一种好氧处理污水的生物反应器，是由盘片、接触反应槽、转轴及驱动装置组成的，盘片串联成组，中心贯以转轴，转轴两端安装在半圆形接触反应槽两端的支座上。圆盘面积的 40%～50% 浸没在接触反应槽内的污水中，转轴高出槽内水面 10～25 cm 左右。

由电机、变速器和传动链条等部件组成的传动系统驱动转盘以较低的线速度在接触反应槽内转动，接触反应槽内充满污水，转盘交替和空气与污水相接触，在运行一段时间后，转盘上将附着一层栖息着大量微生物的生物膜。微生物的种属组成逐渐稳定，其新陈代谢功能也逐步地发挥出来，并逐步达到稳定，污水中的有机污染物为生物膜所吸附降解。生物转盘工艺见表 3.13。

表 3.13　生物转盘工艺

基本原理	构造组成	主要特点
生物转盘是用转动的盘片代替固定的滤料，工作时，转盘浸入或部分浸入充满污水的接触反应槽内，在驱动装置的驱动下，转轴带动转盘一起以一定的线速度不停地转动。转盘交替和空气与污水接触，在运行一段时间后，转盘上将附着一层生物膜。在转入污水时，生物膜吸附污水中的有机污染物，并吸收生物膜外水膜中的溶解氧，对有机物进行分解，微生物在这一过程中得以自身繁殖；转盘转出接触反应槽时，与空气接触，空气不断地溶解到水膜中去，增加其溶解氧。在这一过程中，在转盘上附着的生物膜与污水以及空气之间，除进行有机物（BOD、COD）与O_2的传递外，还有其他物质，如CO_2、NH_3等的传递，形成一个连续的吸附、氧化分解、吸氧的过程，使污水不断得到净化	1. 盘片 2. 接触反应槽 3. 转轴 4. 驱动装置	1. 转盘中生物膜生长的表面积大，不易发生滤料堵塞的现象，没有污泥膨胀的可能，因此允许进水有机物浓度较高，适于处理浓度较高的有机污水； 2. 生物转盘承受冲击负荷的能力比活性污泥法和生物滤池都高； 3. 污泥龄长，在转盘上能够增殖世代期很长的微生物，如硝化菌、反硝化菌等，因此，生物转盘具有硝化、反硝化的功能； 4. 制作盘片的材料价格较高，由此使得生物转盘的建造费用较高； 5. 当水量较大时，需要很多盘片，并且转盘水深较浅，占地面积相对较大

（3）生物接触氧化法工艺

结构包括池体、填料、布水装置和曝气装置，工作原理为：在曝气池中设置填料，将其作为生物膜的载体。待处理的废水经充氧后以一定流速流经填料，与生物膜接触，生物膜与悬浮的活性污泥共同作用，达到净化废水的作用。生物接触氧化法工艺见表 3.14。

表 3.14　生物接触氧化法工艺

基本原理	主要分类	构造组成	主要特点
在曝气池中设置填料,将其作为生物膜的载体。待处理的废水经充氧后以一定流速流经填料,与生物膜接触,生物膜与悬浮的活性污泥共同作用,达到净化废水的作用	1.分流式 2.直流式	1.池体 2.填料 3.布水装置 4.曝气装置	1.工艺方面 （1）采用的是多种形式的填料,形成气液固三相共存的状态,有利于氧的转移; （2）填料表面形成生物膜立体结构; （3）有利于保持膜的活性,抑制厌氧膜的增殖; （4）负荷高,处理时间短 2.运行方面 （1）耐冲击负荷,有一定的间歇性运行功能; （2）操作简单,勿需污泥回流,不产生污泥膨胀、滤池蝇; （3）生成污泥量少,易沉淀; （4）动力消耗低 3.缺点 （1）去除效率低于活性污泥法,工程造价高; （2）若运行不当,填料可能堵塞,布水曝气不易均匀,可能会出现局部死角; （3）大量后生动物容易造成生物膜瞬时大量脱落,影响出水水质

（4）生物流化床工艺

生物流化床是指为提高生物膜法的处理效率,以砂（或无烟煤、活性炭等）作填料并作为生物膜载体,废水自下向上流过砂床使载体层呈流动状态,从而在单位时间内加大生物膜同废水的接触面积,充分供氧,并利用填料沸腾状态强化废水生物处理过程的构筑物。构筑物中填料的表面积超过 3300 m^2/m^3 填料,填料上生长的生物膜很少脱落,可省去二次沉淀池。床中的混合液悬浮固体浓度达 8 000～40 000 mg/L,氧的利用率超过 90%,根据半生产性试验结果,当空床停留时间为 16～45 min 时,BOD 和氮的去除率均大于 90%,此时填料粒径为 1 mm,膨胀率为 100%,BOD 负荷为 16.6 kgBOD$_5$/（$m^3\cdot d$）。生物流化床工艺具有效率高、占地少、投资小的特点，在美国、日本等国已用于污水硝化、脱氮等深度处理和污水二级处理及其他含酚、制药等工业废水的处理。

膜生物流化床工艺（Membrane Biological Fluidized Bed，MBFB）用于污水深度处理，能在原有污水达标排放的基础上，经过生物流化床和陶瓷膜分离系统，进一步降低 COD、NH$_3$-N、浊度等指标，出水可直接回用，也可作为 RO 脱盐处理的预处理工艺，替代原有砂滤、超滤等冗长的过滤流程，同时有机物含量的降低大大提高了 RO 膜的使用寿命，降低了回用水的处理成本。无机陶瓷膜分离系统是世界上第一套污水处理专用的无机膜分离系统，和其他的膜相比，具有通量大、可反冲、全自动操作等优势。生物流化床工艺流程如图 3.42 所示，生物流化床工艺见表 3.15。

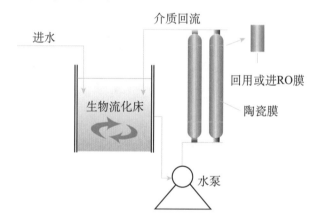

图 3.42　生物流化床（MBFB）工艺流程图

表 3.15　生物流化床工艺

基本原理	主要分类	特点
废水和从生物流化床反应器出水的回流水在充氧设备进口处与空气混合后，从反应器的底部进入，自下而上通过反应器，使滤料保持在流化的工作状态，经填料上的生物膜处理后的废水，除部分回流到无氧设备进口处外，大部分都流入二次沉淀池，以便沉淀掉悬浮的生物量，排出合格的出水	两相生物流化床	充氧过程与流化过程分开并完全依靠水流使载体流化。在流化床外设置充氧设备和脱膜设备，在流化床内只有液、固两相。原废水先经充氧设备，可利用空气或纯氧为氧源，使废水中的溶解氧达到饱和状态

续表

基本原理	主要分类	特点
废水和从生物流化床反应器出水的回流水在充氧设备进口处与空气混合后，从反应器的底部进入，自下而上通过反应器，使滤料保持在流化的工作状态，经填料上的生物膜处理后的废水，除部分回流到无氧设备进口处外，大部分都流入二次沉淀池，以便沉淀掉悬浮的生物量，排出合格的出水	三相生物流化床	在该反应器内，气、液、固三相共存，污水充氧和载体流化同时进行，废水中的有机物在载体生物膜的作用下进行生物降解，空气的搅动使生物膜及时脱落，故不需脱膜装置。但有小部分载体可能从床中带出，需回流载体
厌氧生物流化床可视为特殊的气体进口速度为零的三相流化床，厌氧反应过程分为水解酸化、产酸和产甲烷 3 个阶段，床内虽无需通氧或空气，但产甲烷菌产生的气体与床内液、固两相混和即成三相流化状态	厌氧生物流化床	1. 与好氧生物流化床相比，该法不仅在降解高浓度有机物方面显出了独特的优点，而且具有良好的脱氮效果； 2. 床内的生物膜停留时间长，剩余污泥量少

3.3.8　厌氧生物处理法

厌氧生物处理法是利用兼性厌氧菌和专性厌氧菌将污水中的大分子有机物降解，进而转化为甲烷、二氧化碳的污水处理方法，分为酸性消化和碱性消化两个阶段。

在酸性消化阶段，由产酸菌分泌的外酶作用，使大分子有机物变成简单的有机酸和醇类、醛类氨、二氧化碳等；在碱性消化阶段，酸性消化的代谢产物在甲烷细菌的作用下进一步分解成由甲烷、二氧化碳等构成的生物气体。主要包括厌氧接触法、厌氧生物滤池以及升流式厌氧污泥床反应器。

厌氧生物处理法主要用于高浓度有机工业废水的处理（如食品工业废水、酒精工业废水、发酵工业废水、造纸废水、制药工业废水、屠宰废水），有时也应用于城市废水的处理。如果与好氧生物处理工艺进行串联或组合，还可以同时实现脱氮和除磷的目的，并对含有难降解有机物的工业废水具有较好的处理效果。厌氧生物处理法的各种工艺及特点见表 3.16。

表 3.16　厌氧生物处理法一览表

主要分类	工艺特征	特点	工艺流程
厌氧接触法	1. 最大的特点是污泥回流，而且由于增加了污泥回流，使得消化池的HRT与SRT得以分离； 2. 厌氧细菌生长缓慢，基本可以做到不从系统中排放剩余污泥	1. 污泥浓度高，耐冲击负荷能力强； 2. 有机容积负荷率高； 3. 出水水质较好； 4. 增加了沉淀池、污泥回流系统、真空脱气设备，使得流程较复杂	图3.43
厌氧生物滤池（AF）	1. 厌氧生物滤池中的厌氧生物膜的厚度约为1～4 mm； 2. 与好氧生物滤池一样，其生物固体浓度沿滤料层高度有所变化； 3. 降流式较升流式厌氧生物滤池中的生物固体来说，其浓度的分布更均匀； 4. 厌氧生物滤池适合处理多种类型浓度的有机废水，其有机负荷为0.2～16 kgCOD/m^3.d； 5. 当进水COD浓度过高（大于8000或12000 mg/L）时，应采用出水回流的措施以降低进水COD浓度，增大进水流量并改善进水分布条件	1. 生物固体浓度高，有机容积负荷率高； 2. SRT长，可缩短HRT，耐冲击负荷能力强； 3. 启动时间较短，停止运行后再启动也较容易； 4. 无需回流污泥，运行管理方便； 5. 运行稳定性较好； 6. 主要缺点是易堵塞，会给运行造成困难	图3.44
升流式厌氧污泥床反应器（UASB）	1. 在反应器的上部设置了气、固、液三相分离器；相当于传统污水处理工艺中的二次沉淀池，并同时具有污泥回流的功能，因而三相分离器的合理设计是保证其正常运行的一个重要内容；	1. 污泥的颗粒化使反应器内的平均浓度为50gVSS/l以上，污泥龄一般为30d以上； 2. 反应器的水力停留时间相较短； 3. 反应器具有很高的容积负荷量；	图3.45

续表

主要分类	工艺特征	特点	工艺流程
升流式厌氧污泥床反应器（UASB）	2. 在反应器底部设置了均匀布水系统； 3. 反应器内的污泥能形成颗粒污泥，而颗粒污泥的特点是：直径为0.1～0.5cm，湿比重为1.04～1.08；具有良好的沉降性能和很高的产甲烷活性	4. 不仅适合处理高、中浓度的有机工业废水，也适合处理低浓度的城市污水； 5. UASB反应器集生物反应和沉淀分离于一体，结构紧凑； 6. 无需设置填料，节省了费用，提高了容积利用率； 7. 一般无需设置搅拌设备，上升水流和沼气产生的上升气流可以起到搅拌的作用； 8. 构造简单，操作方便	图3.45
厌氧附着膜膨胀床反应器（AAFEB）	1. 该反应器内通过填充颗粒细小（φ<1 mm）的载体，以增加供微生物附着生长介质的比表面（300～3300 m²/m³），并使之流动，疏散，改善了水力运动和传质状况，从而使活性微生物数量得以增加； 2. AAFEB主要利用废水的内循环来实现反应器内填料的膨胀	1. 其膨胀率一般为5%～20%； 2. 对有机污水的处理过程，实质上是其中以生物膜形成存在的厌氧微生物对有机质的降解过程； 3. 具有较强的运行效能	图3.46
厌氧流化床（AFB）	AFB是依靠在惰性填料或载体（颗粒粒径<φ<1mm）微粒表面形成的生物膜来保留厌氧污泥，填料在较高的上升流速下处于流化状态，克服了AF中易发生的堵塞	1. 该反应器中污泥的膨胀率一般大于25%； 2. 能使厌氧污泥与废水充分混合，提高了处理效率； 3. AFB内部稳定的流化态难以保证，且反应器需大量回流水来取得高的上升流速； 4. 该工艺较难控制，且投资和运行成本高	图3.47

续表

主要分类	工艺特征	特点	工艺流程
厌氧生物转盘（ARBC）	1. 一种具有旋转水平轴的队列式密封长圆筒，轴上装有一系列圆盘。运行时，圆盘大部分浸在污水中，厌氧微生物附着在旋转的圆盘表面形成生物膜，吸附废水中的有机物并产生沼气； 2. 由于厌氧生物转盘是在无氧条件下代谢有机物质，因此不考虑利用空气中的氧，圆盘在反应槽的废水中浸没深度一般大于好氧生物转盘，通常采用70%—100%的轴带动圆盘连续旋转，使各级转盘达到混合	1. 容积负荷高，无堵塞 2. 可处理高浓度、高悬浮物的有机废水，耐冲击负荷能力强，运行稳定； 3. 动力消耗大，占地大，盘片造价高	
膨胀颗粒污泥床（EGSB）	1. EGSB 反应器是对UASB 反应器的改进，除反应器主体外，EGSB反应器主要由配水系统、反应区、三相分离器、沉淀区、出水系统和出水循环系统等构成； 2. 与UASB的差别主要有：三相分离器的结构与UASB的结构有着很大差别，增加了出水循环系统	1. 上升流速大； 2. COD_{cr}有机容积负荷高； 3. 高径比大，污泥床处于膨胀状态； 4. 出水回流，适合处理低浓度废水； 5. 颗粒污泥接种，活性高，沉降性能好，粒径大； 6. V_{up}大，废水与污泥接触状态良好	
厌氧内循环反应器（IC）	1. IC反应器实际上是由底部和上部两个UASB反应器串联叠加而成的，高径比一般为4～8，高度可达16～25m；	1. 有机容积负荷率高。进水有机容积负荷率比普通的UASB反应器高出3倍左右 2. IC反应器的体积为普通UASB反应器的1.3～1.4倍左右 3. 耐冲击负荷能力强。处理低浓度废水时，循环流量可达进水流量的2～3倍。处理高浓度废水时，循环流量可达进水流量的10～20倍	图3.48

续表

主要分类	工艺特征	特点	工艺流程
厌氧内循环反应器（IC）	2. 包括4个不同的功能单元：混合部分、膨胀床部分、精处理部分和回流部分	4. 出水的稳定性好。IC反应器相当于两级UASB。一般来说，两级处理比单级处理的稳定性好，出水水质较为稳定； 5. 造价较高，施工困难，日常维护复杂； 6. 在三相分离器处，回流的污泥和上升的水流发生碰撞，严重影响了出水水质的效果、污泥的回流和气液固的分离	
厌氧序批式间歇反应器（ASBR）	1. ASBR法一个完整的运行操作周期按次序应分为四个阶段：进水期、反应期、沉降期和排水期； 2. ASBR法的主要特征是以序批式间歇的方式运行，通常由一个或几个ASBR反应器组成。运行时，废水分批进入反应器，与其中的厌氧颗粒污泥发生生化反应，直到净化后的上清液排出，完成一个运行周期	1. 工艺简单，占地面积小，建设费用低； 2. 耐冲击、适应性强； 3. 布局简单、易于设计和运行； 4. 操作灵活； 5. 固液分离效果好，出水澄清； 6. 污泥性能好，处理能力强	
厌氧折流板反应器（ABR）	1. 该反应器是用多个垂直安装的导流板，将反应室分成多个串联的反应室，每个反应室都是一个相对独立的上流式污泥床系统； 2. 该反应器内污泥和废水的运行模式是：废水在反应器内沿导流板作上下折流流动，逐个通过各个反应室，并与反应室内的颗粒或絮状污泥相接触，使废水中的底物得以降解	1. 工艺构造简单，不需要三相分离器； 2. 在没有回流和搅拌的条件下，混合效果良好，死区百分率低； 3. 水力流态的局部为完全混合式，整体为推流流动的一种复杂水力流态反应器	

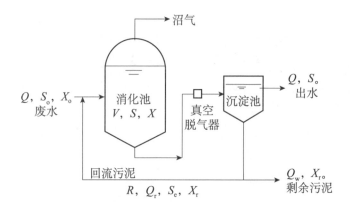

图 3.43 厌氧接触工艺流程图

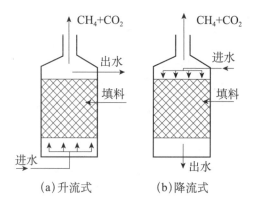

图 3.44 厌氧生物滤池（AF）示意图

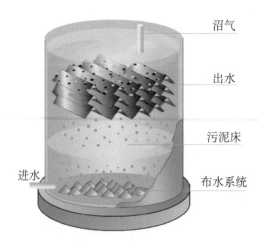

图 3.45 升流式厌氧污泥床（UASB）反应器

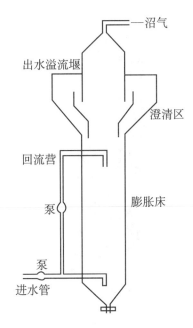

图 3.46　厌氧附着膜膨胀床（AAFEB）反应器

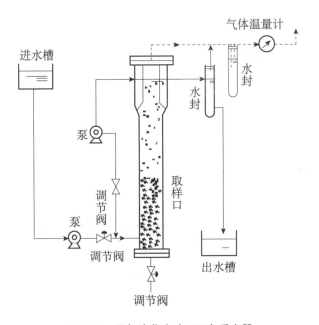

图 3.47　厌氧流化床（AFB）反应器

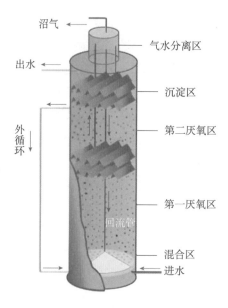

沼气

气水分离区

出水

沉淀区

第二厌氧区

外循环

第一厌氧区

回流管

混合区

进水

图 3.48　厌氧内循环（IC）反应器

3.4　污水的三级处理

　　污水的三级处理又称污水深度处理或高级处理或再生水处理，主要目的是进一步去除二级处理中未能去除的污染物质，其中包括微生物未能降解的有机物或磷、氮等可溶性无机物。三级处理是深度处理的同义词，但二者又不完全一致。三级处理是经二级处理后，为了从废水中去除某种特定的污染物质，如磷、氮等，而补充增加的一项或几项处理单元。深度处理则往往是以废水回收、复用为目的，在二级处理后所增设的处理单元或系统。三级处理耗资较大，管理也较复杂，但能充分利用水资源。

　　近年来，我国已经开始重视三级处理工艺的研究开发，目前用得比较多的三级处理工艺主要有混凝（絮凝）沉淀法、砂滤法、连续流砂过滤法（反硝化深床滤池）、转盘过滤法、滤布过滤法、膜分离法、臭氧氧化法等。

　　三级处理构（建）筑物及设备见表 3.17。

表 3.17　三级处理构（建）筑物及设备

工艺单元	处理构（建）筑物		处理设备	
	名称	型式	类别	名称
混合	混合池		水力混合	1. 水泵混合； 2. 管式静态混合器
			机械混合	机械混合搅拌机
絮凝	水力絮凝	1. 隔板絮凝池 2. 折板絮凝池 3. 波形板絮凝池 4. 网格（栅条）絮凝池 5. 穿孔旋流絮凝池		
	机械絮凝	机械絮凝池	反应搅拌机	1. 立轴式机械反应搅拌机； 2. 横轴式机械反应搅拌机
沉淀	沉淀池	平流沉淀池	吸泥机	1. 虹吸式桁车吸泥机； 2. 泵吸式桁车吸泥机
		1. 辐流式沉淀池； 2. 斜管（板）沉淀池； 3. 高密度沉淀池；	刮泥机	1. 钢丝绳牵引式刮泥机； 2. 周边传动刮泥机； 3. 中心传动刮泥机
		4. 高超速（ACTIFLO）沉淀池； 5. 机械搅拌澄清池	其他设备	1. 螺旋桨搅拌器； 2. 污泥螺杆泵； 3. 水力旋流泥砂分离器
过滤	滤池	1. 普通快滤池； 2. 双层滤料滤池； 3. 均粒滤料滤池； 4. 纤维束滤池； 5. 纤维转盘滤池； 6. 连续砂过滤		1. 进水阀； 2. 排水阀； 3. 进气阀； 4. 反冲洗水泵； 5. 鼓风机； 6. 空压机； 7. 长柄滤头
膜过滤	膜车间	1. 微滤； 2. 超滤； 3. 纳滤； 4. 反渗透	膜组件	1. 微滤膜组件； 2. 超滤膜组件； 3. 纳滤膜组件； 4. 反渗透膜组件

续表

工艺单元	处理构（建）筑物		处理设备	
	名称	型式	类别	名称
膜过滤	膜车间	1. 微滤； 2. 超滤； 3. 纳滤； 4. 反渗透	配套设备	1. 进水泵； 2. 空压机； 3. 膜清洗系统
臭氧处理	臭氧车间		臭氧发生设备	1. 空气系统（空压机、干燥机、储气罐、过滤器等）； 2. 臭氧发生器； 3. 冷却水系统（热交换器、冷却水循环泵）
	臭氧接触池		臭氧-水接触反应装置	微孔扩散器（气液混合泵）
			尾气破坏装置	尾气破坏器

目前，我国再生水主要有以下用途：农田灌溉、城市杂用、循环冷却水补充水、景观用水等。其中，后两种使用最多，再生水常以城市污水厂二级处理出水为源水，经过前二级生物处理后，污水中的 SS 和 BOD_5 一般能去除 90% 以上，部分甚至能达到 95% 以上，基本能达到《城镇污水厂污染物排水标准》中的一级 B 标准，水质得到很大程度的改善。但是，经过二级处理后的城市污水若直接回收利用，在许多重要水质指标上仍然是不能满足要求的，需进一步处理。

3.4.1　三级（再生水）处理的研究现状

三级（再生水）处理的工艺主要有"混凝→沉淀→过滤→消毒"（常规处理）、活性炭吸附、曝气生物滤池、人工湿地、高级氧化、膜处理（包括微滤、超滤、纳滤和反渗透等）和电渗析、离子交换等。查阅相关资料得知，国外对再生水处理研究的重点是针对污水中的不同杂质进行处理，以及如何去除痕量有机物等。采用的工艺主要集中在 RO 的使用上，以及将 UF 完全或部分替代

RO、利用 MBR 替代污水厂的活性污泥工艺和 RO 预处理工艺（MF 或 UF）。

3.4.2　三级处理的工艺选择

目前对回用于景观水体的再生水的处理工艺一般包括二级处理和深度处理。单独的常规二级处理和包括脱氮除磷工艺的二级强化处理远远不能达到回用于景观水体的水质标准，尤其氮、磷指标，更是与再生水回用于景观水体的要求相差很远。因此，需要在经过二级处理后再增加深度处理。三级处理主要去除常规二级处理所不能完全去除的污水中的杂质，如营养型无机盐氮磷、胶体、细菌、病毒、微量有机物、重金属以及影响回用的溶解性矿物质。

常规的三级处理工艺是在生物处理之后增加混凝、过滤、消毒等工序的常规处理过程，有砂滤、膜滤、反渗透、UV 消毒、液氯、臭氧消毒等。一般来说，这些处理方式的单位水处理成本比较低，在经济上比较可行。

（1）悬浮物的去除

1）颗粒粒径：二级出水 SS 是 1 μm～1 mm 的生物絮凝体和未被絮凝的胶体物质。一般通过混凝、砂滤、微滤和反渗透去除。

2）混凝沉淀：通过投加混凝剂，并经快速搅拌混凝，慢速搅拌絮凝，使微小颗粒和胶体物质脱稳而凝聚，成为较大颗粒絮体，从而能够去除沉淀。

（2）溶解性有机物的去除

1）活性碳吸附：活性碳具有巨大的表面积和细小的孔隙，能吸附有机物、重金属离子等。

2）O^3（臭氧）氧化处理：对二级处理水进行以回用为目的的处理，力求去除污水中存在的有机物和色度，还能起到杀菌、消毒的作用。

（3）溶解性无机盐的去除

危害：腐蚀性强，易结垢，SO_4^{-2} 还原产生 H_2S，造成土地板结盐碱化。因而在出水回用和农用前要求脱盐。

脱盐技术主要通过反渗透、电渗析、离子交换来进行。渗透示意图如图 3.49 所示。

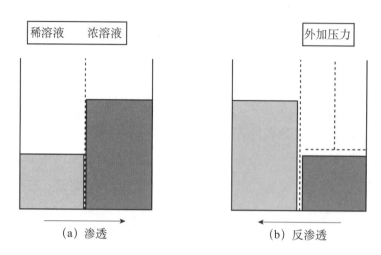

图 3.49　渗透示意图

（4）污水的消毒处理

无论运用什么工艺，出水细菌均会超标，从而带来一些危害，通常使用液氯、次氯酸钠、二氧化氯、臭氧和紫外线的方法来消毒，具体见表 3.18。

表 3.18　污水消毒方法一览表

名称	原理	方法	特点
液氯消毒	$Cl_2+H_2O \rightarrow HOCl+HCl$	投加量：10 mg/L 混合反应：机械搅拌5-15S，鼓风混合0.2 m^3/ m^3·min 水力混合：≥0.6m/s 接触时间：10～30min 要求余氯：≥0.5mg/L	使用方便
次氯酸钠消毒	$Cl_2+2NaOH \rightarrow NaOCl+NaCl+H_2O$ $NaOCl+H_2O \rightarrow HOCl+NaOH$ $HOCl \rightarrow OCl-+H^+$	接触时间：15min	使用方便
二氧化氯消毒	$CLO_2+H_2O=HCl+HClO+O_2$	使用剂量：2～5mg/L 接触时间：10～20min	使用方便

续表

名称	原理	方法	特点
O^3 消毒	$O_3 \rightarrow O_2 + [O]$	使用剂量：10mg/L 接触时间：5～10min，出水消除臭氧	O^3 具有和氯一样的杀菌能力，在对付活性病毒时更具优越性，而且能降低水的色度、消除异味，还能为水充氧
紫外线消毒	紫外线穿透细胞壁并与细胞质反应而达到消毒目的	方法：浸水式和水面式（高压石英水银灯） 照射强度：0.19～0.25W·s/cm² 污水深度：0.65～1.0m	不能解决消毒后管网的再污染问题，电耗大，水中的悬浮杂质和色度对紫外线透射有影响

臭氧消毒流程如图 3.51 所示。

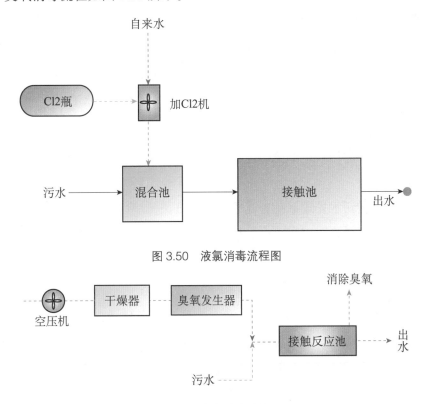

图 3.50　液氯消毒流程图

图 3.51　臭氧消毒流程图

就我国目前的实际情况来看，由于常规工艺处理比较方便，且应用技术也较成熟，一般在选取工艺时仍选用常规处理工艺。国内外目前广泛研究的主要是通过微滤和反渗透技术来处理二级处理后的污水，以达到回用水的标准。由于我国环境污染加剧，淡水资源巨减，三级处理工艺会越来越受到重视。

3.4.3 再生水的处理工艺

（1）SPR高浊度污水处理技术

在天然淡水资源已被充分开发、自然灾害日益频发的今天，缺水已经对世界各国众多城市的经济和市民生活构成了严重威胁，解决城市缺水问题的重要途径应该是将城市污水变为城市供水水源。城市污水就近可得，经净化后回用主要可作为市政绿化用水、景观用水和工业用水。

最新发明的"SPR高浊度污水处理系统"将污水的"一级处理"和"三级处理"程序合并设计在一个SPR污水净化器罐体内，在30 min的流程里会快速完成。它容许直接吸入悬浮物（浊度）高达500 mg/L至5000 mg/L的高浊度污水，处理后出水的悬浮物（浊度）低于3 mg/L（度）；它容许直接吸入COD_{Cr}为200~800 mg/L的高浓度有机污水，处理后出水COD_{Cr}可降为40 mg/L以下。只需用相当于常规的一、二级污水处理厂的工程投资和低于常规二级处理的运行费用，就能够获得三级处理水平的效果，实现城市污水的再生和回用。

SPR高浊度污水处理系统首先采用化学方法使溶解状态的污染物从真溶液状态下析出，形成具有固相界面的胶粒或微小悬浮颗粒；选用高效而又经济的吸附剂将有机污染物、色度等从污水中分离出来；然后采用微观物理吸附法将污水中各种胶粒和悬浮颗粒凝聚成大块密实的絮体；再依靠旋流和过滤水力学等流体力学原理，在自行设计的SPR高浊度污水净化器内使絮体与水快速分离；清水经过罐体内自我形成的致密的悬浮泥层过滤之后，达到三级处理的水准，出水即可实现回用；污泥则在浓缩室内高度浓缩，定期靠压力排出，由于污泥含水率低，且脱水性能良好，可以直接送入机械脱水装置，经脱水之后的污泥饼亦可以用来制造人行道地砖，免受二次污染。SPR 高浊度污水处理技术以其流程简单可靠、投资和运行费用低、占地少、净化效果好的优势将为当今世界的城市污水的再利用开创一条新路。

（2）再生水处理工艺化学混凝的应用

这种再生水处理工艺方法的主要思路就是将曝气生物滤池和化学混凝相结合，形成一个一体化的体系，通过生物膜的生物过滤和混凝过滤双重作用，对再生水进行深度处理，以达到净化的目的。化学混凝在再生水处理工艺中的应用既降低了膜过滤技术的成本，又有效解决了传统工艺中生物膜污染和滤床堵塞等问题，过滤效果比较理想，且出水水质稳定，整套设备不需要像传统工艺中那样的单独过滤沉淀池，能够形成集生物降解、过滤、沉淀以及混凝为一体化的体系。

在实际生产中，整个系统运行一段时间后需要对过滤池进行反冲洗，以确保出水质量和稳定性。通常情况下，操作人员需要对水的损失和出水的质量进行检测，以确定过滤池反冲洗的条件。反冲洗时，气从柱的底部流入，水从柱的底部流入，由于滤料的悬浮颗粒，反洗在底部与高速进入柱内的反洗水形成湍流，老化的生物膜在水的剪力作用下被冲刷下来。

化学混凝剂主要被用来除去水中的致色物质、胶体和微粒等，而曝气生物过滤池通过生物过滤作用和生物降解作用进一步对再生水进行进化处理，曝气生物过滤池具有出水水质高而稳定，不会产生污泥膨胀，投资小，占地面积少，有机负荷率高等优点。

（3）多孔型悬浮生物陶粒的应用

再生水处理工艺的最大特点就是环保。曝气生物滤池的滤料选择的是多孔型悬浮生物陶粒，这是一种以价格低廉、相当易得的工业废渣为原料的新型环保产品，颗粒直径通常在 3～8 mm。

该再生水处理工艺流程大致为：待处理水→水解酸化池→接触氧化池→二沉池→滤池→消毒→出水。

在具体操作过程中，若滤料选择多孔型悬浮生物陶粒，相比以前其他一些过滤载体来说，滤层高度要相应降低，并且不需要设置承托层，这样便省去了这部分的资金投入，还节省了滤料的开支，使得总的生产成本降低。和传统的过滤池相比，多孔型悬浮生物陶粒滤池的出水效果好、冲洗强度小、时间短。并且多孔型悬浮生物陶粒的黏性较小，不会随着时间的推移出现愈加严重的结团现象，微粒之间的空隙不会受到太大的影响，装置能够持续且稳定地运行，在再生水处理工艺中拥有广阔的应用空间以及推广前景。

（4）MBR 再生水处理工艺

MBR 再生水处理工艺是由生物处理单元和膜分离单元相结合的一种新型再生水处理工艺。

膜分离组件和生物反应器共同组成膜生物反应器。在实际工程中，膜生物反应器包括曝气膜生物反应器、萃取膜生物反应器和固液分离型膜生物反应器。MBR 再生水处理工艺可简化为：待处理水→曝气沉砂池→MBR→臭氧脱色→二氧化氯消毒→出水。MBR 再生水处理工艺生产的水质量高且稳定。分离膜的分离作用相当明显，效果不是普通的沉淀池可以相比的。经过处理的水浑浊度很低，悬浮物接近于零，水中的细菌和病毒的含量也明显降低，膜分离技术使得水中的微生物留在生物反应器里面，这样系统内的微生物浓度能够一直被维持在一个较高的值，在提高反应装置的处理效率的同时，也大大提高了出水的质量。反应装置受工作载荷的影响较小，能够稳定输出优质的出水。该再生水处理工艺理论上可以实现零污泥排放，但在实际生产中是不可能实现的，但此方法可以大大降低污泥的处理成本。整个设备占地面积很小，对工作环境没有特殊要求，反应器内高浓度的生物量能够大大提高装置的工作负荷。并且整套装置的结构比较紧凑，工艺流程比较简单，便于操作和管理。

同样，膜生物反应器也存在许多缺陷，有待改进。最重要的一点就是生产设备成本较高，尤其是膜的造价比较高。在再生水处理工艺过程中容易出现膜污染问题，会严重影响装置的正常运行以及设备的维护管理。整套装置要在较高的有氧环境中运行，所以需要较高的曝气强度，其次为了降低膜污染发生的可能性，需要增大流速，加大膜的通过量，以有效地对膜进行冲刷，这些条件都需要较高的能耗方能实现。MBR 再生处理工艺流程图如图 3.52 所示。

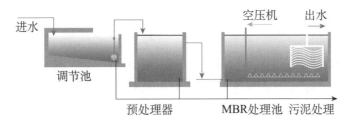

图 3.52　MBR 再生处理工艺流程图

（5）LM 深度处理工艺

LM 深度处理工艺是一种全新的生态处理工艺，在厌氧池加好氧池的基础上加入了改进的曝气氧化塘和高效湿地两个深度处理单元，使出水水质达到了生活杂用水的标准。其工艺流程是：生物厌氧池→封闭好氧池→开放好氧池→澄清池→人工湿地→UV 消毒→蓄水池→回用，或者以接触氧化池和生态氧化槽代替封闭好氧池和开放好氧池。LM 深度处理工艺的特点是剩余污泥少、运行费用低、管理方便，还具有美化景观的功能，该工艺和其他水处理工艺相比更经济一些。

4 污泥的资源化利用

污泥的含水率很高，且污泥中存在重金属、病原菌、寄生虫、有机污染物等有害物质，但是污泥中也富含氮、磷、钾等营养元素。污泥的处置方式主要有土地利用、卫生填埋、焚烧、填海等。各国根据自己的实际情况来选择某种较为合适的处理方法。美国的污泥处理方法为14%卫生填埋，22%焚烧，56.5%土地利用，7.5%采取其他处理方式；英国的污泥处理方法为10%卫生填埋，30%焚烧，58%土地利用，2%采取其他处理方式；法国的污泥处理方法为19%卫生填埋，14%焚烧，65%土地利用，2%采取其他处理方式；日本的污泥处理方法为5%卫生填埋，32.7%焚烧，61.7%土地利用，0.6%采取其他处理方式；欧洲国家的污泥处理方法为48%卫生填埋，7%填海，7.8%焚烧，34%土地利用，3.2%采取其他处理方式。

"重污水处理，而轻污泥处理处置"是我国城市水污染处理普遍存在的问题，在我国的城市水污染治理中，污水厂的污泥处理处置费用约占工程投资和运行费的24%～45%，而发达国家如美国与欧洲的污泥处理处置费用已占污水处理厂总投资的50%～70%。

采用何种污泥处置方法，如何减少污泥体积，如何提高污泥干度都是污泥处理中难以回避的重要环节。同时，污泥处理处置也应考虑生态效益与经济效益。从环境污染、卫生安全和经济有效等方面考虑，无论哪种处置方法都有利有弊。一种有效的、适合本地具体情况的污泥处置方法应是对环境、经济、社会都有利的方法。我国和发达国家在技术水平及经济发展水平上尚有一定的差距，污泥的性质也与国外不尽相同，因而必须寻求适合我国具体情况的污泥处理处置方法。

4.1　污泥堆肥

　　污泥中含有大量的有机质、氮、磷、钾等植物需要的养分，其含量比常用的牛羊猪粪等农家肥中的养分都高，可以与菜籽饼、棉籽饼等优质的有机农肥相媲美。但是污泥中往往也含有有害成分，因此在进行土地利用之前，必须对污泥进行稳定化、无害化的处理，如好氧与厌氧消化、堆肥化等，其中堆肥化处理是使用较多的一种方法。

　　堆肥化是利用微生物的作用，将不稳定的有机质降解和转化成稳定的有机质的一种方法，可使挥发性有机质含量降低，臭气减少；物理性状明显改善（如水含量降低，呈疏松、分散、粒状），便于贮存、运输和使用；高温堆肥还可以杀灭堆料中的病原菌、虫卵和草籽，使堆肥产品更适合作为土壤改良剂和植物营养源来使用。

　　典型工艺是污泥与垃圾混合堆肥工艺，它充分利用污泥含水率高（70%～80%）且含有丰富的氮、磷、钾等农作物不可缺少的营养物质，而城市垃圾含水率低（30%～40%）且有机物较多的特点，按一定的比例进行混合，通过好氧高温发酵和厌氧中温发酵，杀死致病菌与寄生虫卵，并保留着植物生长土壤所需的氮、磷、钾等营养物质的含量，形成良好的腐殖土。

　　污泥与垃圾混合堆肥工艺具有经济、简便、可资源化的优点。其工艺流程如图 4.1 所示。

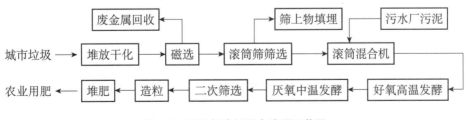

图 4.1　污泥与垃圾混合堆肥工艺图

污泥与垃圾混合堆肥工艺是通过机械设备对污泥与垃圾混合物料进行好氧高温发酵，再自然堆放厌氧中温发酵的一种方法，主要包括污泥与垃圾的前处理、好氧高温发酵、自然堆放厌氧中温发酵、堆肥的后处理等四部分。

1. 污泥与垃圾的前处理

实际上是将垃圾当作污泥的分散剂来将二者混合均匀，再进入后续的工艺中。污泥与垃圾的混合重量比为3:7，混合后最佳含水率为45%～55%。在实际应用中，可通过检测混合物料的含水率来调整污泥与垃圾的混合重量比。

2. 好氧高温发酵

经处理后的混合物料进入达诺式滚筒中。在运行过程中，滚筒不断转动，使筒内的混合物料进行一系列的物理作用和生物作用，即一边混合摩擦，一边进行发酵。

3. 自然堆放厌氧中温发酵

经达诺式滚筒好氧高温发酵后的物料自然堆积（每堆物料重量约30～50t），将剩余的可分解有机物缓慢氧化，在这期间，物料内部进行厌氧中温发酵。完成稳定与腐熟所需要的自然堆放厌氧中温发酵周期为20～25d左右。

4. 堆肥的后处理

熟化后的物料经过筛选、造粒、烘干、打包等过程，就完成了污泥与垃圾混合堆肥工艺的全过程。

这个工艺是由中国市政工程西北设计研究院海南分院设计的，现在甘肃省的某个污水处理厂已经正式运行，并取得了不错的应用效果。

4.2 污泥消化制沼气

污泥厌氧消化不仅是现在，也是未来应用最为广泛的污泥稳定化工艺。与其他稳定化工艺相比，厌氧消化工艺能获得广泛应用的原因是它具有如下优点：

（1）产生较多能量（甲烷），有时还会超过废水处理过程所需的能量。

（2）使最终需要处置的污泥体积减少30%～50%。

（3）消化完全时，可消除恶臭。

（4）可杀死病原微生物，特别是在进行高温消化时。

（5）污泥消化时容易脱水，因含有有机肥效成分，适用于改良土壤。

但当处理厂规模较小，污泥数量少，综合利用价值不大时，也可采用污泥好氧消化工艺。它的主要优点是操作比较方便和稳定、处理过程需排出的污泥量少，但运行费用大、能耗多。在具体的工程实践中，污泥处理应采用厌氧消化还是好氧消化，可视具体情况而定，如污泥的数量、有无利用价值、运转管理水平的要求、运行管理与能耗、处理场地大小等。

有机污泥经消化后，不仅有机污染物可得到进一步的降解、稳定和利用，而且污泥量减少（在厌氧消化中，按体积计算约减少1/2左右），污泥的生物稳定性和脱水性能大为改善。这样就有利于污泥再做进一步处置。

污泥消化制沼气的基本原理：利用无氧条件下生长于污水、污泥中的厌氧菌菌群的作用，使有机物经过液化、气化而分解成稳定物质，病菌、寄生虫卵被杀死，固体达到减量化和无害化，然后对污泥进行厌氧消化制取沼气。

污泥消化过程分为两个阶段：

第一阶段：酸性消化阶段。高分子有机物首先在胞外酶的作用下进行水解、液化。这一过程把多糖水解成单糖，蛋白质水解成肽和氨基酸，脂肪水解成丙三醇、脂肪酸。然后渗入细胞体内，在胞内酶的作用下转化为醋酸等挥发性有机物和硫化物，其过程中常有大量的氢和少量的甲烷游离出来。

第二阶段：碱性消化阶段。专性厌氧菌将消化过程的第一阶段由兼性厌氧菌产生的中间产物和代谢产物分解成二氧化碳、甲烷和氨。

污泥厌氧消化处理工艺流程如图4.2所示。

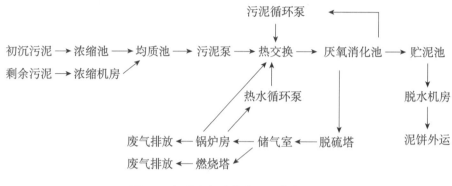

图 4.2　污泥厌氧消化处理工艺流程图

4.3　污泥燃料化技术

随着污泥量的不断增加及污泥成分的变化，现有的污泥处理技术逐渐无法满足要求了。例如，燃烧含水率 80% 的污泥，每吨污泥（干基）的辅助燃料需消耗 304～565 L 油，能耗大；若使用污泥填埋法则必须预先将污泥脱水到含水率至少小于 70%，而要想达到这样的含水率，以目前的污泥脱水技术来说，需要消耗大量的药剂，既增加了成本，也增加了污泥量；土地还原法是目前污泥消纳量最大的处理方法，但很多工业废水中含有重金属和有毒有害的有机物，不能作肥料或土壤改良剂。因此寻找一种适合处理所有污泥，又能利用污泥中的有效成分，实现减量化、无害化、稳定化和资源化的污泥处理技术，是当前污泥处理技术研究开发的方向。污泥燃料化被认为是有望取代现有的污泥处理技术最有前途的方法之一。

污泥燃料化方法目前有两种，一种是污泥能量回收系统，简称 HERS 法（Hyperion Energy System），第二种是污泥燃料化法，简称 SF 法（Sludge Fuel）。

1. HERS 法

HERS 法工艺是将剩余的活性污泥和初沉池污泥分别进行厌氧消化，产生

的消化气体经过脱硫后，可用作发电的燃料。混合消化污泥、污泥离心脱水至
含水率 80%，加入轻溶剂油，使其变成流动行浆液，送入四效蒸发器蒸发，然
后经过脱轻油，变成含水率 2.6%、含油率 0.15% 的污泥燃料。轻油再返回到
前端做脱水污泥的流动媒体，污泥燃料燃烧产生的蒸汽一部分用来蒸发干燥污
泥，剩余的用来蒸汽发电。

　　HERS 法所用的物料是经过机械脱水的消化污泥。污泥干燥采用的多效蒸
发法一般用的是蒸发干燥法，但这种方法不能获得能量收益，而采用 CG 法可
以有能量收益。污泥能量回收有两种方式，即厌氧产生消化气和污泥燃烧产生
热能，然后以电力形式回收利用。

　　2. SF 法

　　SF 法将未消化的混合污泥经过机械脱水后，加入重油，调制成流动浆液
送入四效蒸发器蒸发，然后经过脱油，变成含水率约 5%、含油率 10% 以下，
热值为 23027kJ 的污泥燃料。重油可返回作污泥流动介质来重复利用，污泥燃
料燃烧可产生蒸汽，能作为污泥干燥的热源和电源，回收能量。

　　HERS 法与 SF 法不同。一是 HERS 法会将污泥先经过消化，再将消化气
和蒸汽发电相结合来回收能量；SF 法则不经过污泥热值降低的消化过程，直
接将生成的污泥蒸发干燥制成燃料。二是 HERS 法使用的污泥流动媒介是轻质
溶剂油，黏度低，与含水率 80% 左右的污泥很难均匀混合，蒸发效率低；而
SF 法采用的是重油，可与脱水污泥混合均匀。三是 HERS 法中的轻溶剂油回
收率接近 100%，而 SF 法的重油回收率较低，流动介质要不断补充。

4.4　污泥的建材利用

　　污泥中除了有机物，往往还含有 20%～30% 的无机物，主要是硅、铁、
铝、钙等。因此即使污泥经焚烧后去除了有机物，无机物仍以焚烧灰的形式存

在，需要做填埋处置。如何充分利用污泥中的有机物和无机物是一个需要关注的问题，而污泥的建材利用是一种经济有效的资源化方法。

污泥的建材利用大致可归结为以下方法：制轻质陶粒、熔融材料和熔融微晶玻璃，生产水泥等，制砖已经很少应用。过去主要以污泥焚烧灰做原料生产各种建材，但近年来，为了减少投资（建设焚烧炉），充分利用污泥自身的热值，节省能耗，直接利用污泥作原料生产各种建材的技术已开发成功。

污泥制轻质陶粒的方法主要是用生污泥或厌氧发酵污泥的焚烧灰造粒后烧结。这种方法在 20 世纪 80 年代已比较成熟，并投入应用。利用焚烧灰制轻质陶粒需要单独建设焚烧炉，而且污泥中的有机成分没有得到有效利用。近年来开发了直接从脱水污泥制轻质陶粒的新技术，其工艺流程如图 4.3 所示。

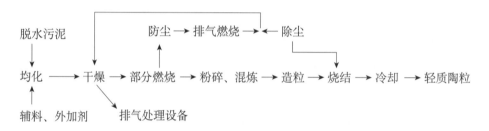

图 4.3　污泥陶粒生产工艺流程图

污泥熔融制得的熔融材料也可以作为路基、路面、混凝土骨料及地下管道的衬垫材料。但是以往的技术均以污泥焚烧灰作原料，投资大，污泥自身的热值得不到充分利用，成本高，阻碍了进一步的推广应用。近年来开发了直接用污泥植被熔融材料的技术，大大降低了投资成本和运行成本，提高了产品的附加值。

除了以上提到的污泥可作砖块、陶瓷和水泥制造建材这些作用，我国还有人尝试用污泥来制纤维板，日本则成功开发出将下水道污泥焚烧灰制成玻璃的技术，而用下水道污泥灰制成沥青的技术将在日本大规模应用。

总的来说，污泥的建材利用在我国以及西方发达国家还处于研究及尝试的阶段，日本则走在了前面，已经出现了许多工程实例。污泥建材利用的处置方法，无论从工艺角度还是环保角度考虑都是可行的；从经济效益来考虑，日本已经有成功运行的工厂，产生了良好的经济效益。故污泥的建材利用是一个起步不久、很有潜力的污泥处置及资源化的方法，不仅解决了污泥惯用处理方式的费用高、难处理、极易造成二次污染的问题，还使得处理处置融入"循环经济"的体系，符合循环经济的 3R 原则之一——废弃物的再循环（Recycle）原则，最大限度地减少废弃物的排放，力争做到排放的无害化，实现资源再循环。

我国是世界上水泥生产第一大国，借鉴国外经验，利用生产水泥消纳废物的潜力很大。目前我国水泥工业利用废物率还不到 10%。水泥生产中利用的废物主要是高炉水渣、粉煤灰、副产品石膏、炉渣烟尘、旧橡胶轮胎等。近年来，日本利用城市垃圾（污泥）焚烧灰和下水道污泥为原料生产水泥已获得成功，用这种原料生产的水泥称为生态水泥，2001 年已建成第一座生态水泥厂，年生产能力为 11 万 t。一般认为污泥作为生产水泥原料时，其含量不得超过 5%，按此估算，日本东京污水处理厂的污泥可年产 200 万 t 生态水泥。由此可知，污泥生产水泥既是污泥资源化利用的重要途径，也是行之有效的方法，已引起国内外的高度重视。

4.5　活性污泥可做黏结剂

据不完全统计，我国现有的城市污水处理厂日处理能力约为 600 万 t，每年产生的污泥量约为 100 多万 t。再加上大型企业和石化厂的污水处理装置，全国每年产生的污泥量十分可观。而与此同时，我国有数千家小型合成氨厂，其中绝大多数采用黏结性较强的白泥或石灰作为气化型煤黏结剂。通常将这类黏结剂制成的型煤称为白泥型煤或石灰炭化型煤。石灰炭化型煤的气化反应性好，但成型工艺复杂，石灰添加量较多，成本也高，影响工厂的经济效益。白泥型煤的生产工艺较简单，制成的型煤强度高，但型煤气化反应性差，灰渣残炭高，蒸汽耗量大，是困扰生产厂家的一大难题。为此寻找一种黏结性高、成本低、型煤气化反应好的黏结剂一直是化肥厂的一个重要课题。污泥本身含有有机物，如蛋白质、脂肪和多糖，具有一定的热值，又有一定的黏结性能。活性污泥做黏结剂可将无烟粉煤加工成型煤，而污泥在高温气化炉内被处理，就能防止污染；污泥作为型煤黏结剂，替代白泥，可改善在高温条件下型煤的内部孔结构，提高了型煤的气化反应性，降低了灰渣中的残炭，提高了炭转化率。在这种方式下，污泥既可以作为一种黏结剂，同时也是一种疏松剂，而且污泥的热值也得到了利用，且污泥处理量大。

4.6　剩余污泥制成可降解塑料

1974 年，有人从活性污泥中提取到一类可完成生物降解、具有良好加工性能和广阔应用前景的新型热塑材料聚羟基烷酸（PHA），这为利用活性污泥生产 PHA 奠定了基础。研究表明：活性污泥经过相关的培养后，可大幅度增加其中含有的可降解塑料。因此，利用剩余的污泥制成可降解塑料能有效地解决化学合成塑料所造成的"白色污染"，这种方式既让废物得到了利用，又避免了对环境的二次污染，对环境保护及可持续发展做出了一定的贡献，创造了良好的环境效益和经济效益。

PHA 是许多原核生物在不平衡生长条件下合成的胞内能量和碳源贮藏性物质，是一类可完全生物降解、具有良好加工性能和广阔应用前景的新型热塑材料。在化学合成塑料所造成的"白色污染"日益严重的今天，PHA 作为合成塑料的理想替代品，已成为微生物工程学研究的热点。目前利用纯种发酵生产的方式是获得 PHA 的主要途径，但由于生产成本过高，导致其无法大规模投入到商业化应用中。因此，降低 PHA 的生产成本是大规模商业化应用 PHA 需要解决的首要问题。活性污泥是废水处理系统中自然形成的微生物和有机物的聚集体，这为利用活性污泥生产 PHA 奠定了基础。

4.7　污泥经低温热解可制成燃料油

在生物法污水处理过程中，不可避免会有一定量的污泥产生，污泥处理已经成为污水处理系统的重要组成部分。目前最常见的污泥处理方法是农用、填埋和焚烧。由于前两种方法均需要一定的土地，而占总处理成本 25%～50% 的燃料费用又使焚烧成为相当昂贵的污泥处理方法，因此，通过改善污泥的燃烧性质，使污泥燃烧的能量达到自身平衡是节约污泥热化学处理过程能源的有效途径。

污泥的低温热解是利用污泥中有机物的热不稳定性，在无氧或缺氧条件下对其热解干馏，使有机物产生热裂解，经冷凝后产生利用价值较高的燃气、燃油及固体半焦，产品具有易储存、易运输及使用方便等优点。污泥经低温热解产生的衍生油黏度高、气味差，但发热量可达到 29～42.1 MJ/kg，而现在使用的三大能源石油、天然气、原煤的发热量分别为 41.87 MJ/kg、38.97 MJ/kg、20.93 MJ/kg。由此可见，污泥的低温热解油具有较高的能源价值，其反应过程如图 4.4 所示。

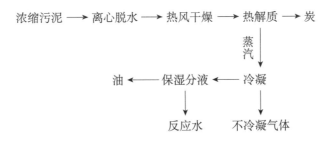

图 4.4　污泥经低温热解制成燃料油的反应过程

目前各种污泥资源化技术还存在或多或少的问题。在污泥的农用过程中，要考虑到污泥中金属和有机毒物的污染，以及病原体扩散的危险；在污泥施用过程中，氮、磷等含量过高可能会污染周围水体；污泥中过高的盐分可抑制植物对养分的吸收，甚至会伤害到植物根系。在污泥作为建筑材料综合利用时，要重视产品的质量系数，保障其安全系数，确保符合国家标准。另外，其他资源化技术如制成吸附材料、制成可生物降解塑料等技术，大部分仍然停留在实验室阶段，其技术原理及现场应用有待进一步研究和完善。

污泥处置是世界范围内关注的环境问题。如果因处理不当而随意排入环境中，不仅会造成资源和能源的浪费，而且有可能产生二次污染，危害人体健康。污泥处理处置技术的选择应遵循稳定化、无害化、减量化和资源化的原则。应在考虑环境效益和社会效益的前提下，尽可能提高其经济效益。随着国民经济的飞速发展，新的污水处理厂将不断建立，污泥排放量必然会大量增加。根据我国国情，污泥的处理应着眼于污泥的综合利用，化害为利，变废为宝。因此，污泥的农用资源化应是未来发展的主要方向。为实现污泥的资源化和商品化利用，需要注重有关污泥高效快速堆肥、污泥堆肥制造有机–无机复合肥等关键技术的研究以及相关设备的研制开发。

总之，污泥堆肥的商品化既可解决污泥的出路问题，又减少了污染，具有良好的经济效益和环境效益，在今后相当长的一段时间内将是我国污泥处理的主要发展方向，今后应加强宏观管理，研究和推广经济上合理、技术上切实可行的实用技术，从而实现资源的永续利用，走可持续发展的道路。

5　污水处理的发展趋势及新技术

　　城市生活污水的处理自 200 年前工业革命以来，越来越受到人们的重视。城市污水的处理率已成为一个地区文明与否的重要标志。近 200 年来，城市污水的处理已从原始的自然处理、简单的一级处理发展到利用各种先进技术而进行深度处理，并回用。处理工艺也从传统活性污泥法、氧化沟工艺发展到 A/O、A/A/O、AB、SBR（包括 CASS 工艺）等多种工艺，以达到不同的出水要求。我们在大力引进国外先进技术和设备、借鉴国外丰富经验的同时，必须结合我国自身的发展，尤其是当地的实际情况，探索适合我国的城市污水处理系统。

5.1　污水处理技术的发展趋势

　　1. 具有脱氮除磷功能的污水处理工艺仍是今后发展的重点

　　《城镇污水处理厂污染物排放标准》（GB 18918—2002）对出水的氮、磷量有明确的要求，因此已建城镇污水处理厂需要改建、增加设施以去除污水中的氮、磷污染物，达到国家规定的排放标准，而新建污水处理厂则须按照标准 GB 18918—2002 来进行建设。目前，对污水生物脱氮除磷的机理、影响因素及工艺等的研究已是一个热点，并有人已提出了一些新工艺及改革方法。

　　对于脱氮除磷工艺，今后的发展要求不仅仅局限于较高的氮磷去除率，而且也要求处理效果稳定、可靠、工艺控制调节灵活、投资运行费用低。目前，生物脱氮除磷工艺正是向着这一简洁、高效、经济的方向发展。

2. 高效率、低投入、低运行成本、成熟可靠的污水处理工艺是今后污水处理厂的首选

面对我国日益严重的环境污染，国家正加大力度进行污水的治理，而解决城市污水污染的根本措施是建设以生物处理为主体工艺的二级城市污水处理厂，但是，建设大批二级城市污水处理厂需要大量的投资和高额的运行费，这对我国来说是一个沉重的负担。目前，我国的污水处理厂建设工作因为资金的缺乏很难开展，部分已建成的污水处理厂由于运行费用高昂或者缺乏专业的运行管理人员等原因而一直不能正常运行，因此对高效率、低投入、低运行成本、成熟可靠的污水处理工艺的研究是今后的一个重点研究方向。

3. 对适用于小城镇污水处理厂工艺的研究

发展小城镇是我国城市化过程的必经之路，是具有中国特色的城市化道路的战略性选择。1978～2017 年我国的建制镇由 2 178 个增至 20 654 个，目前各种规模和性质的小城镇已近 48 000 个。如果只注重大中城市的污水处理工程的建设，而忽视数量如此多的小城镇的污水治理，则我国的污水治理将无法达到预定目标。而小城镇的污水处理又面对着一系列的问题：小城镇污水的特点与大城市不同，资金短缺，运行管理人员缺乏等，因此，小城镇的污水处理工艺应该是基建投资低、运行成本低、运行管理相对容易、运行可靠性高的工艺。目前对适用于小城镇污水处理厂工艺的研究方向是：从现有工艺中选出适合小城镇污水处理厂的工艺，同时开发出适用于小城镇污水处理厂的新工艺。

4. 对产泥量少且污泥达到稳定的污水处理工艺的研究

对污水处理厂所产生污泥的处理也是我国污水处理事业中的一个重点和难点，据统计，中国的城市污水厂每年的总污水处理量约为 $95.9562\times10^8t/a$，城市平均污水含固率为 0.02%，则湿污泥产量为 $965.562\times10^4t/a$，并且污泥的成

分很复杂，含有多种有害有毒物质，如此产量大且含有大量有毒有害物质的污泥如果不进行有效处理而排放到环境中去，会给环境带来很大的破坏。

目前我国污泥处理处置的现状不太乐观。据统计，在我国已建成并运行的城市污水处理厂中，污泥经过浓缩、消化稳定和干化脱水处理的污水厂仅占25.68%，不具有污泥稳定处理的污水厂占55.70%，不具有污泥干化脱水处理的污水厂约占48.65%。这说明我国70%以上的污水厂中不具有完整的污泥处理工艺。而对此问题进行解决的一个有效办法是：污水处理厂采用产泥量少且污泥达到稳定的污水处理工艺控制，这样就可以在源头上减少污泥的产生量，并且可以获得已经稳定的剩余污泥，从而减轻了后续污泥处理的负担。目前，我国已有部分工艺可做到这一点，如生物接触氧化法工艺、BIOLAK工艺、水解－好氧工艺等，但是对产泥量少且污泥达到稳定的污水处理工艺的系统研究还没有开始。

5.2　污水处理行业的发展趋势

1. 市场发展趋势

目前，虽然我国水务市场的资本推动和行政因素方面的特征仍然比较显著，但是市场化的改革方向不可逆转。随着我国公用事业体制改革的深入，水务行业的市场化程度将不断提高，进而为行业整合与跨区域发展提供了动力，把握机会，企业将进一步巩固其行业地位。水价改革带来的价格上涨的动力将进一步推动水务企业成长，同时也将引来更多行业竞争对手前来竞争。

我国的水务行业还处于成长期，市场集中度偏低，缺少行业领导者，地域垄断特征明显。依据行业吸引力和技术关联度，产业链会纵向延伸，而且水务一体化成为主要发展方向。运营管理能力、资本运作能力、市场开拓能力、技术应用与开发能力和风险控制能力已经成为水务行业企业的关键成功要素。寻求市场份额与投资收益的平衡是现阶段我国水务企业成长过程中关注的焦点。污水处理是水务领域的组成部分，其市场发展趋势与水务行业基本一致。

2. 行业竞争趋势

资金成为拉动污水处理发展的核心动力和产业纽带，在国际化、市场化的背景下，在水源污染严重、处理设备落后的行业背景下，污水处理行业表现出巨大的资金需求。工业污水处理发展由原先计划体制下的技术拉动转型为投资拉动，投资不仅是开拓污水处理市场的决定性砝码，也是串起技术、工程、产品、运营产业链的有效手段。污水处理在巨大需求背景下的投资拉动特征，使来自国际的、民营的及其他社会资本得以迅速进入工业污水处理行业并成为主角。国家对城市基础设施领域资本进入的放宽，市场金融工具的丰富，以及传统企业的产权多元化的全面实施，将进一步加大资本在工业污水处理行业中的权重。

获得以市场为动机的战略联盟是行业市场化程度的重要标志，市场经济的基础是契约，而战略联盟就是企业间的稳定契约形式，稳定的契约形式可以有效化解中间的交易成本。在世界500强企业中，每个企业平均会参加60个不同性质的战略联盟。我国水业正处于市场化发展的前期，从行业上看，污水处理政策体系比较模糊和不完善，从产业上看，企业比较分散和松散。同时，水业综合性极强，关联度大，以规模化为基础的、以投资企业为龙头的集投资、设计、工程、运营、设备供应的纵向产业链战略联合体，将成为企业参与竞争、抵御风险、降低成本的主要手段。

3. 技术发展趋势

国家实行的膜材料与膜技术应用国债项目带动了我国水污染治理膜技术与膜材料的研发应用。近午来，我国在膜材料的研究开发方面取得了长足的发展，基本打破了过去发达国家对我国实行膜材料制造技术的封锁状态，我国水污染治理技术研发机构依靠自己的力量，开发了具有独立知识产权的膜材料和膜组件。

全国各地针对部分工业企业没有实现废水达标的情况，开展了剩余污染源和不合格污染治理设施的达标治理工作。这就促使水污染治理技术研发与服务有了较大发展。未来的技术发展方向将针对的是造纸、化工、医药、酿造和皮革等重点行业。

5.3　污水处理新技术的介绍

随着污水处理事业的发展，已有多种污水处理工艺在我国污水处理厂中得到了应用，其中以 A/O、A²/O 及其变形工艺、氧化沟、SBR 及其变型工艺为主，其他工艺如 AB 工艺、曝气生物滤池、水解－好氧工艺、生物接触氧化工艺、稳定塘、BIOLAK 工艺、土地处理等污水处理工艺也有一定规模的应用。同时，随着我国《城镇污水处理厂污染物排放标准》（GB18918—2002）的实施，以及我国污水处理事业所面临的如下问题，如污水处理厂建设运行费用高的问题、小城镇的水污染问题以及污泥处理问题，使我国的污水处理工艺向着具有脱氮除磷功能、高效低耗、成熟可靠、适用于小城镇污水处理厂、污泥产量少且能使污泥达到稳定的方向发展。面对这些问题，我国的污水处理技术也在不断发展，本节将介绍几种新的典型污水处理技术。

5.3.1　移动床生物膜反应器（MBBR）

MBBR 工艺运用的是生物膜法的基本原理，充分利用了活性污泥法的优点，又克服了传统活性污泥法及固定式生物膜法的缺点。该方法通过向反应器中投加一定数量的悬浮载体，提高反应器中的生物量及生物种类，从而提高反应器的处理效率。由于填料密度接近于水，所以在曝气的时候，与水呈完全混合状态，微生物生长的环境为气、液、固三相。因为载体在水中的碰撞和剪切作用，使得空气中的气泡更加细小，增加了氧气的利用率。另外，每个载体内外均具有不同的生物种类，内部生长着一些厌氧菌或兼氧菌，外部为好氧菌，这样每个载体都为一个微型反应器，使硝化反应和反硝化反应能够同时存在，从而提高了处理效果。

污水连续进入 MBBR 反应器（见图 5.1），与反应器内的悬浮填料充分混合接触，通过生物膜上的微生物作用，使污水得到进化。填料在反应器内混合翻转的作用下自由移动；对于好氧反应器，可通过曝气使填料移动；对于缺氧反应器，则依靠机械搅拌。

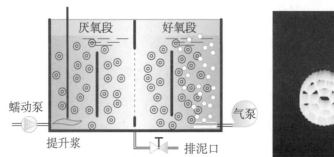

图 5.1 MBBR 反应器及填料

（1）工艺特点

反应器既具有传统生物膜法的耐冲击负荷、泥龄长、剩余污泥少的特点，又具有活性污泥法的高效性和运转灵活性，与其他工艺相比，MBBR 具有以下特点。

1）具有良好的脱氮能力：因其有效的比表面积大，能大大提高反应器内的生物量，使硝化菌在填料表面大量优势生长，提高容积负荷，对氨氮有很强的去除效果。

2）去除有机物效果好：反应器中的污泥浓度较高，一般污泥浓度为普通活性污泥法的 5～10 倍，曝气池的污泥浓度可高达 30～40g/L。这既提高了对有机物的处理效率，同时又增强了耐冲击负荷能力和恢复能力。

3）易于维护管理：MBBR 工艺的核心悬浮填料使用寿命长，易于挂膜，不结团、不堵塞、脱膜容易。曝气池内无需设置填料支架，而且池底的曝气装置维护起来比较方便，水头损失小，无需反冲洗，一般不需要污泥回流，同时能够节省投资及占地面积。

4）投资省、运行成本低：容积负荷高，能有效节省占地面积及投资；运行成本低，能耗低。

（2）应用概况

目前，国内外已对 MBBR 工艺进行了多项试验性研究，并在实际应用中取得了较好的效果。由于 MBBR 可减少现有污水处理系统的体积，易于在现有污水处理厂的基础上升级改造，处理效果好，欧洲的一些国家、美国、日本、新西兰以及我国均建有 MBBR 型污水处理厂。

5.3.2　磁絮凝沉淀技术

磁絮凝沉淀技术就是在普通的絮凝沉淀工艺中同步加入磁粉，使之与污染物絮凝结合成一体的一种技术。根据絮凝原理，加入絮凝剂主要是通过改变胶体或悬浮颗粒的表面性质，使胶体或絮团的吸引能大于排斥从而促进凝聚，而加入絮凝剂的作用主要是通过架桥作用使颗粒聚集增大。借助外加磁粉来加强絮凝效果，提高沉淀效率，无疑是一种强化分离过程的有效手段，同时磁粉可以通过磁鼓回收而循环使用。

整个工艺的停留时间很短，因此对包括 TP 在内的大部分污染物，出现反溶解过程的概率非常小，另外系统中投加的磁粉和絮凝剂对细菌、病毒、油及多种微小粒子都有很好的吸附作用，因此对该类污染物的去除效果比传统工艺要好。同时由于其具有高速沉淀的性能，因此与传统工艺相比，具有速度快、效率高、占地面积小、投资小等诸多优点。磁絮凝沉淀技术工艺流程如图 5.2 所示。

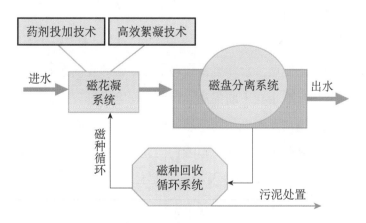

图 5.2　磁絮凝沉淀技术工艺流程图

磁絮凝沉淀技术可以与污水厂现有的处理单元结合，可以有效提升出水水质，特别是在污水厂的提标改造中可广泛应用，主要有 MBBR-生化处理单元＋磁絮凝、生化处理单元＋芬顿＋磁絮凝、生化处理单元＋生物滤池＋磁絮凝及生化处理单元＋活性炭＋磁絮凝等。

（1）工艺特点

1）沉淀速度快，絮体静置沉降速度大于或等于 40 m/h。

2）表面负荷高［高达 20～40 $m^3/(m^2 \cdot h)$］，占地面积小。

3）能够有效优化药剂投加量，减少的药剂投加量最高可达 15%。

4）污泥浓度高，最高可达 3% 以上。

5）出水效果好，悬浮物和总磷可满足一级 A 标准。

（2）应用情况

以前，磁絮凝沉淀技术在水处理工程中的应用极少，原因是磁粉的回收问题一直没有得到很好的解决。现在这一技术难题已被成功解决，磁粉回收率可达 99% 以上，这样，磁絮凝沉淀工艺的技术优势和经济优势就得到了充分体现，在国内外得到了越来越广泛地应用。目前，美国有 15 000 t/d 的市政污水处理项目采用了磁絮凝沉淀技术。我国在城市污水处理、中水回用、自来水处理、河道水处理、高磷废水处理、造纸废水处理、油田废水处理等方面对该技术的中试已经完成，均取得了较好的效果。

5.3.3 多级AO/AAO工艺

随着经济的快速发展，水环境污染和水体富营养化问题日益严重，各国对污水中氮磷排放的标准也在不断提高。因此，研究并开发高效、经济的污水除磷脱氮工艺已成为当前水污染控制领域的研究重点和热点。针对目前常规除磷脱氮工艺存在的各种弊端，环保工作者们研究出了生物除磷脱氮的新工艺——多级 AO/AAO 工艺，其工艺原理及特点见表 5.1。

表 5.1　多级 AO/AAO 工艺原理及特点

名称	工艺原理	工艺特点	工艺流程图
多级缺氧好氧活性污泥法（MAO 工艺）	采用分段进水的方式，对碳源进行合理分配，可以解决厌氧释磷和反硝化脱氮对碳源竞争的矛盾；将多级缺氧区和好氧区串联，硝化液从各级好氧区直接流入下一级缺氧区，不设内回流系统	通过多级缺氧好氧交替运行的方式，可显著提高系统的脱氮效率	见图5.3
厌氧缺氧/缺氧好氧活性污泥法（MUCT 工艺）	系统中包括两个内回流区，一个是从好氧区回流至第二缺氧区，另一个是从第一缺氧区回流至厌氧区。该工艺形式可以通过提高好氧区至第二缺氧区的混合液回流比，达到提高系统脱氮率的目标，并通过第一缺氧区至厌氧区的回流减少硝酸盐对除磷功能的干扰	该工艺具有节省碳源、除磷脱氮效率高等优点	见图5.4
多级厌氧缺氧好氧活性污泥法（MAAO 工艺）	由多级厌氧缺氧好氧（AA'O）串联组成，每级AA'O由一个厌氧区（A）、一个缺氧区（A'）和一个好氧区（O）依次相互连通；污水按流量Q_1、Q_2…Q_m依次分配进入系统中的各级厌氧区首端；每级缺氧区末端流出的部分混合液流量（q）进入下一级缺氧区，其余部分混合液流量（q'）进入本级好氧区；每级好氧区末端混合液进入下一级缺氧区；最后一级好氧区的出水进入沉淀池，在沉淀池内进行固液分离后，回流污泥一部分（回流比为R_1）返回至第一级厌氧区，另一部分（回流比为R_2）返回至第一级缺氧区，剩余污泥排出系统	MAAO工艺在实现整体多级AAO 过程的同时，还存在其他两种不同的工艺路线： 1）原水分段进入各级厌氧区，再经过缺氧反应后，进入后续厌氧缺氧循环交替运行的多级厌氧缺氧（MAA）过程； 2）原水分段进入各级厌氧区，然后进入后续缺氧好氧循环交替运行的多级缺氧好氧（MAO）过程。MAO以高效脱氮为主，而MAA则可实现反硝化除磷的作用。这种工艺可以实现"一碳两用"的作用，并能达到除磷脱氮同时进行的效果	见图5.5

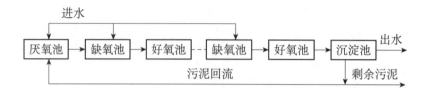

图 5.3　MAO 工艺流程图

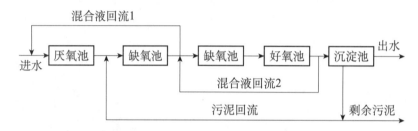

图 5.4　MUCT 工艺流程图

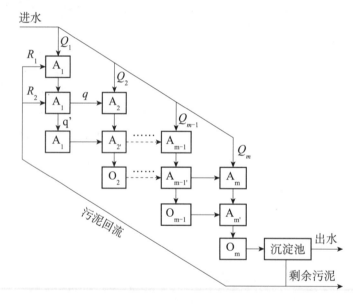

图 5.5　MAAO 工艺流程图

第2篇

黑臭水体的处理技术

6 绪论

6.1 国内黑臭水体的治理现状

近年来，随着我国城市经济的快速发展，城市污水排放量不断增加，大量污染物入河，水体出现季节性或终年性黑臭。黑臭水体不仅给周边民众带来了极差的感官体验，也是直接影响人类生产生活而造成突出水环境问题。我国黑臭水体的治理最早可以追溯到 1996 年的上海苏州河环境综合整治。近年来，黑臭水体的治理逐渐受到地方政府的高度重视，并已经开展了相关实践。国务院在 2015 年颁布的《水污染防治行动计划》提出"2017 年年底前，地级及以上城市实现河面无大面积漂浮物，河岸无垃圾，无违法排污口，直辖市、省会城市、计划单列市建成区基本消除黑臭水体；到 2020 年，地级及以上城市建成区黑臭水体均控制在 10% 以内；到 2030 年，全国城市建成区黑臭水体总体得到消除"的控制性目标。2015 年，住房和城乡建设部发布《城市黑臭水体整治工作指南》，对城市黑臭水体整治工作的目标、原则、工作流程等作出了明确规定，并对城市黑臭水体的识别、分级、整治方案编制方法以及整治技术的选择和效果评估、政策机制保障提出了明确的要求。近年来，我国在黑臭水体的治理方面做了许多努力，但因存量较大，黑臭水体的问题尚未得到根治。根据住房和城乡建设部与生态环境部联合管理的全国城市黑臭水体整治信息发布数据，截至 2019 年 7 月，全国地级及以上城市总认定的 2100 个黑臭水体中，

94

完成整治工程的有 1745 个，占比 83.1%；开工整治的有 264 个，占比 12.6%；正在制订整治方案的有 91 个，占比 4.3%。

根据国务院关于 2018 年度环境状况和环境保护目标完成情况的报告，截至 2018 年底，在 36 个重点城市的 1062 个黑臭水体中，1000 个已经消除或基本消除，消除比例为 95%。

总体来看，黑臭水体治理的特征是时间紧、任务重，加快治理进程是今后一段时间的必然选择。以消除城市黑臭水体为目标的水体环境生态修复服务，也将成为我国水污染治理环境服务业的新辟战场。

6.2　国内外河流污染治理的发展概况

6.2.1　国外河流污染治理的发展

国际上很多发达国家在工业化的进程中，使得河流受到了不同程度的污染。19 世纪至 20 世纪中叶，伦敦的泰晤士河成为英国污染最严重的河流，河水常年黑臭。德国的莱茵河、美国的特拉华河和芝加哥河在 20 世纪 40 年代和 50 年代也成为污染相当严重的河流。其中，特拉华河还被称为"污水明渠"，污染极其严重。

随着对河流恢复和管理的不断重视以及公众环境意识的持续提高，自 20 世纪 80 年代起，西方发达国家的河流管理发生了重要变革，逐步改变原来的注重防洪排涝、工程治河的河流管理方式，转而将河流生态系统作为一个管理整体，重视河流的环境效应，采取"环境改善"或"生态治河"的理念，对受人类活动严重干扰的河流进行管理。河流管理思想的重要特征是摒弃经济高速发展时期所形成的"唯效率主义"河流管理观念，尊重河流系统的自然规律，注重河流自然生态和自然环境的恢复和保护，使河流的综合服务功能得到充分的发挥。日本在全国范围内开展了"多自然河川建设"活动，并取得了一定的进展；德国、瑞士等国家提出"重新自然化"的概念，将河流修复到接近自然的程度；英国采用了"近自然"河道设计技术；荷兰强调河流生态修复与防洪的结合，提出了"还河流以空间"的理念。

6.2.2　国内河流污染治理的发展

当前我国绝大多数城市河流普遍存在着不同程度的河道淤积、水文条件不佳、水质黑臭以及景观功能退化等问题，河流生态系统严重受损。城市河流管理水平对城市综合功能强弱及城市生活舒适度有重大影响。

自 20 世纪末开始，国内的城市河流管理人员开始认识到人类活动、城市化过程等对河流环境的干扰和破坏，即传统的防洪、水资源开发等活动使得河流水文条件和地形地貌特征等发生了较大变化，河流生态系统功能严重退化。此后，开始广泛吸收国外先进的思想和理念，逐步在河流管理中注重对河流的保护和恢复，包括在采用传统的治污技术基础上，引入生态水利工程、清洁生产等理念，在满足人类社会对河流环境需求的同时，兼顾河流生态系统健康以及可持续发展的要求，对河流进行生态恢复和保护。如上海开始了以防洪、改善水体环境为主，结合景观建设、生态功能发挥开展的河流综合管理；北京建立开发性综合治理河道的新模式，在原有治河理念中融入景观、环境保护和生态的理念；大连则追求可持续原则的河道治理模式，在满足河道防洪排涝基本功能的基础上，重视其休闲、娱乐、景观、生态等功能的开发。

7 黑臭水体的治理技术

7.1 城市黑臭水体

7.1.1 城市黑臭水体的定义

《城市黑臭水体整治工作指南》中对于城市黑臭水体给出了明确定义。城市黑臭水体是指在城市建成区内，呈现令人不悦的颜色和（或）散发令人不适气味的水体的统称。在快速城镇化和工业化的进程中，由于城镇基础建设严重滞后，部分城市河道沦为工业废水、生活污水和农田退水集中排污的主要通道，污染物排放量大且空间分布集中，水体自净能力弱，容易造成缺氧和富营养化问题，形成黑臭水体。

7.1.2 城市黑臭水体的成因

城市河流发生黑臭的主要原因有如下几个方面。

一是外源有机物和氨氮会消耗水中的氧气。城市水体一旦超量受纳外源有机物以及一些动植物的腐殖质，如居民生活污水、畜禽粪便、农产品加工污染物等，水中的溶解氧就会被快速消耗。当溶解氧下降到一个过低水平时，大量有机物在厌氧菌的作用下进一步分解，产生硫化氢、胺、氨和其他带异味易挥发的小分子化合物，从而散发出臭味。同时，在厌氧条件下，沉积物中产生的

97

甲烷、氮气、硫化氢等难溶于水的气体，会在上升过程中携带污泥进入水相，使水体发黑。

二是内源底泥中会释放污染物质。当水体被污染后，在酸性、还原条件下，污染物和氨氮从底泥中释放，厌氧发酵产生的甲烷及氮气会导致底泥上浮，这也是水体黑臭的重要原因之一。有研究指出，在一些污染水体中，底泥中污染物的释放量与外源污染的总量相当。此外，城市河道中有大量营养物质，导致河道中藻类过量繁殖。这些藻类在生长初期给水体补充氧气，但在死亡后分解、矿化形成耗氧有机物和氨氮，从而导致出现季节性水体黑臭现象并产生极其强烈的腥臭味道。

三是不流动和水温升高的影响。丧失生态功能的水体往往流动性会降低或完全消失，直接导致水体复氧能力衰退，局部水域或水层亏氧问题严重，形成适宜蓝绿藻快速繁殖的水动力条件，增加水华暴发的风险，引发水体水质恶化。此外，水温的升高将加快水体中的微生物和藻类残体分解有机物及氨氮的速度，会加速溶解氧消耗，加剧水体黑臭。

7.1.3　城市黑臭水体的危害

黑臭水体主要会影响环境，恶臭物质向大气中扩散，而且水质下降会使水体中的鱼类等水生生物受到毒害，导致河流失去资源功能，危害到河流周边居民的身体健康，而且黑臭河流会制约经济的可持续发展。

（1）影响居民生活，危害人体健康

居住在城市河流，特别是污染严重、黑臭现象突出的城市河流附近的住户整天紧闭窗户，河流黑臭已经严重影响了居民的正常生活。另外，河流黑臭不仅给人以感官的刺激，使人感到不愉快和厌恶，而且黑臭水体散发出的气体成分，如硫化氢、氨等可直接危害人体的健康，如果人们闻到恶臭的气味，会不同程度地产生反射性的抑制呼吸，使呼吸次数减少，深度变浅，严重时甚至会导致呼吸完全停止，出现"闭气"现象，长期居住在黑臭的环境里，会使人厌食、恶心甚至呕吐，进而发展为消化功能衰退的严重后果。

（2）破坏河流生态系统

城市河流黑臭使水体中的鱼类及其他水生生物以及需要氧气的微生物因缺氧而大量死亡。同时，一些来自化工厂、药厂、造纸厂、印染厂和制革厂，以及建筑装修、干洗行业、化学洗剂、农用杀虫剂、除草剂等带有有机化学药品和毒性的废水，进入河流后，会毒害或者毒死水中生物，导致生态破坏。

（3）损害城市景观

城市河流与城市景观、建筑艺术、生态环境等方面充分融合，若河流发生黑臭现象，则会严重损害城市景观。依河而建的城市大都有着良好的旅游发展资源，但河流黑臭对其造成的直接影响确实不可低估。

可见，河流黑臭污染对自然环境和人文环境造成的影响已经非常严重。

7.1.4　城市黑臭水体的分级与判定

《城市黑臭水体整治工作指南》规定了城市黑臭水体的分级与判定标准。根据黑臭程度的不同，可分为"轻度黑臭"和"重度黑臭"两级。水质检测与分级结果可为黑臭水体整治计划制订和整治效果评估提供重要参考。

城市黑臭水体分级的评价指标包括透明度、溶解氧（DO）、氧化还原电位（ORP）和氨氮（NH_3-N），分级标准见表 7.1。

表 7.1　城市黑臭水体污染程度的分级标准

特征指标（单位）	轻度黑臭	重度黑臭
透明度（cm）	25～10	<10[*]
溶解氧（mg/L）	0.2～2.0	<0.2
氧化还原电位（mV）	−200～50	<−200
氨氮（mg/L）	8.0～15	>15

* 水深不足 25cm 时，该指标应按水深的 40% 取值。

作为对比，表 7.2 列出了地表水环境质量标准（GB 3838—2002）中各项污染物标准的限值。黑臭水体溶解氧指标小于Ⅴ类水，氨氮指标远大于Ⅴ类水。

表 7.2 地表水环境的质量标准

序号	项目		I 类	II 类	III 类	IV 类	V 类
1	水温（℃）		人为造成的环境水温变化应限制在： 周平均最大温升≤1 周平均最大温降≤2				
2	pH值（无量纲）		6～9				
3	溶解氧	≥	饱和率90% （或7.5）	6	5	3	2
4	高锰酸盐指数	≤	2	4	6	10	15
5	化学需氧量（COD）	≤	15	15	20	30	40
6	五日生化需氧量（BOD_5）≤		3	3	4	6	10
7	氨氮（NH_3-N）	≤	0.15	0.5	1.0	1.5	2.0
8	总磷（以P计）	≤	0.02（湖、库0.01）	0.1（湖、库0.025）	0.2（湖、库0.05）	0.3（湖、库0.1）	0.4（湖、库0.2）
9	总氮（湖、库，以N计）	≤	0.2	0.5	1.0	1.5	2.0
10	铜	≤	0.01	1.0	1.0	1.0	1.0
11	锌	≤	0.05	1.0	1.0	2.0	2.0
12	氟化物（以F⁻计）	≤	1.0	1.0	1.0	1.5	1.5
13	硒	≤	0.01	0.01	0.01	0.02	0.02
14	砷	≤	0.05	0.05	0.05	0.1	0.1
15	汞	≤	0.00005	0.00005	0.0001	0.001	0.001
16	镉	≤	0.001	0.005	0.005	0.005	0.01
17	铬（六价）	≤	0.01	0.05	0.05	0.05	0.1
18	铅	≤	0.01	0.01	0.05	0.05	0.1
19	氰化物	≤	0.005	0.05	0.2	0.2	0.2
20	挥发酚	≤	0.002	0.002	0.005	0.01	0.1
21	石油类	≤	0.05	0.05	0.05	0.5	1.0
22	阴离子表面活性剂	≤	0.2	0.2	0.2	0.3	0.3
23	硫化物	≤	0.05	0.1	0.2	0.5	1.0
24	粪大肠菌群（个/L）	≤	200	2000	10000	20000	40000

注：除标注外，其余单位均为 mg/L。

7.2　黑臭水体的治理技术体系

黑臭水体的治理方法从技术原理上,可以分为物理法、化学法和生物法三大类,具体方法和特点见表 7.3。

表 7.3　黑臭水体治理方法的特点

类别	方法	特点
物理法	截污、调水、清淤、引水稀释、人工造流	经过物理法治理的河流因为河床加深,被挖去严重污染的淤泥,会对减轻河流的臭味起到良好的作用,截弯取直会增强河流的冲污能力,但需要建造大型的构筑物,费用较高,也会受到当地水利水文条件的限制,适应性比较差,且不能从根本上解决水体黑臭的问题
化学法	用化学试剂除藻,加入铁盐促进磷的沉淀,加入石灰进行脱氮等	见效快,效率高;化学试剂的投加量大,成本较高;某些化学试剂具有一定毒性,在环境条件改变时会形成二次污染
生物法	人工湿地处理、水生植物恢复、生物修复等	生物修复技术在国内外黑臭水体治理中的应用最为广泛,与传统工艺相比,有以下特点:节约成本;环境影响小,不会形成二次污染或导致污染物转移;可最大限度地降低污染物浓度

城市黑臭水体的整治应按照"控源截污、内源治理;活水循环、清水补给;水质净化、生态修复"的基本技术路线具体实施,其中控源截污和内源治理是选择其他技术类型的基础与前提,污染源得不到控制,水体黑臭的问题就不可能得到根本治理;水质净化是阶段性措施,主要采取工程手段,借鉴污水处理技术,对已污染水体进行处理,在水体水质改善中发挥重要作用,但不应定位为长期措施;补水活水和生态恢复是长效保障措施,可以调节水体水力停留时间,改善水动力条件,提高水体自净能力,是水质长效改善和保持不可缺少的措施。黑臭水体治理的常规技术如图 7.1 所示。

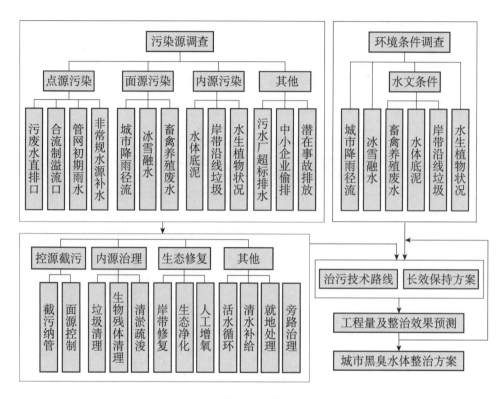

图 7.1 黑臭水体治理的常规技术

7.2.1 控源截污技术

控源截污技术的特点、适用性和限制因素见表 7.4。

表 7.4 控源截污技术

技术（措施）	技术特点和适用性	限制因素
截污纳管	建设和改造水体沿岸的污水管道，将污水截纳入污水收集和处理系统，从源头上削减污染物的直接排放	工程量大，一次性投资大，实施难度大，周期长；截污将导致河道水量变小；对现有城市污水系统和污水处理厂造成较大的运行压力
面源控制	控制雨水径流中含有的污染物，主要技术包括低影响开发（LID）技术、初期雨水控制技术和生态护岸技术等	工程量大，影响范围广；实施系统性强，工期较长；受当地城市交通、用地类型、城市市容管理能力等因素的制约

下面对其中涉及的典型技术进行介绍。

（1）低影响开发（LID）技术

LID（Low Impact Development）是一种强调通过源头分散的小型控制设施，维持和保护场地自然水文功能、有效缓解因不透水面积增加而造成的洪峰流量增加、径流系数增大、面源污染负荷加重的城市雨水管理理念，主要技术包含生态植草沟、下凹式绿地、雨水花园、绿色屋顶、地下蓄渗、透水路面，如图 7.2～图 7.7 所示。

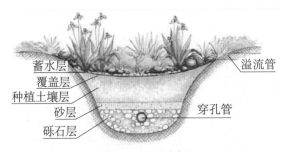

图 7.2　生态植草沟

图 7.3　下凹式绿地

图 7.4　雨水花园

图 7.5　绿色屋顶

图 7.6　地下渗蓄　　　　　　　　图 7.7　透水路面

（2）初期雨水控制技术

在降雨的初始时期，雨滴经淋洗空气，冲刷城市道路、各类建筑物、废弃物等之后，携带各种污染物质（如氮氧化物、有机物以及病原体等）进入地表水和地下水中，加重城市河道、水源地的污染，从而影响城市水资源的可持续利用。初期雨水控制方法主要是源头减量和末端处理，源头减量主要是结合低影响开发技术在源头控制初期雨水经渗透、滞留等措施来减少雨水径流的产生，以期达到控制径流污染、消减洪峰及减少径流量的目的。末端处理主要包括利用河湖原位强化处理、就地分散处理和雨水排口截留集中处理。

（3）生态护岸技术

生态护岸指的是利用植物或者植物与土木工程相结合，对河道坡面进行防护的一种河道护坡形式。目前，我国的护岸工程也已开始向生态型发展，植被护岸多和其他类型的护岸结合使用，从美化环境、改善水质等不同方面，形成了不同的生态型护岸。生态护岸技术见表 7.5。

表 7.5　生态护岸技术

方法	技术特点	实施措施	成果照片
固化技术	主要是采用无机或有机固化剂，胶结材料和特殊的工艺手段把那些松散的土壤或其他固体物质凝结成具有整体强度的固体材料。该护岸技术主要解决土质河岸的坡面侵蚀问题，可当日配料，当日施工，具有工期短，施工灵活，土壤稳定，效果好等优点	固化柱插桩（+植）是将用建筑垃圾固化而成的固化桩垂直插入河岸常水位带或按一定角度插入河底，按一定的间距排成堤状形式，桩间距可根据土质情况进行适当的调整，同时在桩顶处种植植物，植物长成的根系会蔓延到河堤土壤中，植物根系将坡岸土壤颗粒联固在一起，避免土壤流失，同时吸收较多余的土壤水分，促进土质河岸与河道水体之间的水分交流	
扦插—抛石联合技术护岸	扦插—抛石联合措施就是在抛石施工的基础上，截取植物的枝条随即扦插入抛石空隙之中的一种土壤生物工程方法。扦插—抛石联合措施是由扦插和抛石两部分构成或的，在抛石护岸中铺放交错着的平铺石块对河岸下层土质，沙质等易侵蚀河岸起到一定的保护作用	在抛石与岸坡的土壤之间也应铺设一层碎石级配的配料加以隔离。当抛石设置完工后，便可进行植物枝条的扦插施工，其所选枝条长度一般要超过抛石石面的厚度。在坡面上，枝条可以采取随机配置的方式，以"大头朝下，小头朝上"的方法插入抛石之间的缝隙中。枝条的设置应尽量垂直于人抛石坡面，枝条前端露出抛石表面3~5 cm即可，同时在施工前对露出的枝条部分削平，保证树皮的完整性及削条，除柳桩旁侧的枝条，以增加成活率。此类型尖桩底以便于插入土层，加水浸泡枝护岸可以减少水土流失，通过植物的覆盖作用可以为河流生物提供良好的栖息环境	

续表

方法	技术特点	实施措施	成果照片
直立式生态护岸	直立式生态护岸较适用于老城区的河道，主要有绿化混凝土挡墙结构墙体、浆砌石重力式老挡墙、绿化混凝土贴面浆砌石重力式墙	绿化混凝土挡墙结构墙体是采用箱式绿化混凝土预制块叠砌而成的挡墙，箱式绿化混凝土顶制块是由混凝土应力层、无砂混凝土、反滤隔层组成的。浆砌石重力式老挡墙绿化改造护岸结构是将原挡墙视为基质层，把绿化混凝土作为母质层，再采用适当的园林技术来培育植被层。绿化混凝土贴面浆砌石重力式挡墙护岸结构的挡墙主体为浆砌石，在墙的迎水面设一定厚度的绿化混凝土贴面，贴面选用具有一定强度和抗压强度的无砂混凝土碎石或卵石，这样有效孔径可满足植物根系的生长，也便于小型鱼类隐蔽和栖息于此，其具有很好的保土、附土、滞土能力，能适应植物生长	
自嵌式植生挡土墙护岸	自嵌式植生挡土墙护岸通常是由自嵌式植生挡土块、塑胶棒、滤水填料、加筋材料和土体组成的。该技术主要依靠自嵌式挡土块块体的自重来抵抗动静荷载，达到稳定的作用，此结构无需砂浆混凝土施工，依靠带有凸缘的块与块之间的嵌固锁作用和自身重量就能防止滑动倾覆	自嵌式植生挡土块也可水平分层布置拉接网片，土体中的拉接网片使块体挡土墙成为一个整体，从而加大了墙身宽度和重量，常用自嵌式挡土块体为舒布洛克砖	

续表

方法	技术特点	实施措施	成果照片
格宾网箱护岸	格宾网箱具有极佳的稳定性和整体性，它是由热轧钢丝绞拉伸成形形成的网线，经热镀锌或复合防锈处理，再经聚氯乙烯塑处理后织成，因此具有非常高的强度和耐腐蚀性，在自然环境中一般可正常使用100年而不改变其性状。同时，格宾网箱护岸结构能与当地的自然环境很好地融合起来，填料之间的空隙为水生生物提供了良好的通道，为水生生物提供了生长空间。这种结构的抗冲刷能力非常强，并且具有很高的抗洪强度，适用于水量较大且流速较快的河道，而且造价低廉	格宾网箱是由格宾网面构成的长方体箱形构件，并由有一定间隔大小的隔板组成的若干单元格，同时用钢丝对每个隔板的周边和面板的边端都进行加固。在护岸施工现场再向格宾网箱里面填充石料。根据不同护岸地区，不同工程等级等和不同类别，所采用的填料也不尽相同，常见的有碎石、片石、卵石、砂砾土石等。填料的大小一般是格宾网孔大小的1.5倍或2倍，也可以用其他材料如混凝土块、废弃的混凝土等来填充	

7.2.2 内源治理技术

内源治理技术的特点、适用性和限制因素见表 7.6。

表 7.6 内源治理技术

技术（措施）	技术特点和适用性	限制因素
垃圾清理	城市水体沿岸的垃圾清理是控制污染的重要措施，其中垃圾临时堆放点的清理属于一次性工程措施，应一次清理到位	城市水体沿岸垃圾存放历史较长的地区，若垃圾清运不彻底，则可能加速水体污染
生物残体清理	对于水生植物、季节性落叶和水华藻类等残体进行打捞和清理，避免植物残体发生腐烂，以免进一步向水中释放污染物和消耗水体氧气	季节性生物残体和水面漂浮物清理的成本较高，监管和维护难度大
清淤疏浚	将底泥中的污染物迁移出水体，可减少底泥中的污染物向水体释放的可能性，能显著且快速地降低水体内源污染的负荷。该技术适用于底泥污染严重水体的初期治理	底泥运输和处理处置难度较大，存在二次污染的风险，需要按规定来安全地处理处置

其中，清淤疏浚技术分为干式清淤、半干式清淤和湿式清淤三种。

（1）干式清淤：河道筑围堰，分段进行施工，将围堰段内的河道积水全部抽干，然后用挖掘机开挖，清除河道底部的淤泥，再将淤泥临时堆放至岸边，晾晒 5~7d 后使用渣土车外运至淤泥场（见图 7.8）。

图 7.8 干式清淤

（2）半干式清淤：河道筑围堰，分段进行施工，将围堰段内的河道积水抽排至距河底 20cm 处进行留存，然后采用高压水枪进行反复冲刷。再使用泥浆泵抽排清淤，抽排的淤泥由输浆管排至临近的脱水场泥浆池（压力不足时中间可加设加压泵）。射水吸泥的施工原理是利用高压泵产生压力，通过水枪喷出一股密实的高速水柱，切割、粉碎土体，使之湿化、崩解，形成泥浆和泥块的混合体，再由泥浆泵及其输泥管吸送至泥浆池。射水吸泥如图 7.9 所示。

图 7.9　射水吸泥

（3）湿式清淤：主要是利用绞吸式吸泥船进行清理，船上的吸水管前端围绕吸水管装设旋转铰刀装置，这样可将河淤泥砂进行切割和搅动，再经吸泥管将绞起的泥沙物料，借助强大的泵力，输送到脱水场泥浆池。绞吸式吸泥船如图 7.10 所示。

图 7.10　绞吸式吸泥船

7.2.3 生态修复技术

生态修复技术的特点、适用性和限制因素见表7.7。

表 7.7 生态修复技术

技术（措施）	技术特点和适用性	限制因素
岸带修复	采取植草沟、生态护岸、透水砖等形式，对原有硬化河岸（湖岸）进行改造，通过恢复岸线和水体的自然净化功能，强化水体的污染治理效果；需进行植物收割的，应选合适的季节来进行	主要用于已有硬化河岸（湖岸）的生态修复
生态净化	主要采用制造人工湿地和生态浮岛、种植水生植物等技术方法，利用土壤—微生物—植物生态系统来有效去除水体中的有机物、氮、磷等污染物，可广泛应用于城市水体水质的长效保持中	应用生态净化技术要以有效控制外源和内源污染物为前提，生态净化措施不得与水体的其他功能冲突；生态净化措施对严重污染河道的改善效果不显著；植物的收割和处理处置成本较高
人工增氧	主要采用跌水、喷泉、射流以及其他各类曝气形式的方式，提高水体溶解氧浓度和氧化还原电位，防止厌氧分解和促进黑臭物质的氧化，适用于黑臭水体治理的水质改善阶段	重度黑臭水体不应采取射流和喷泉式人工增氧措施；人工增氧设施不得影响水体行洪或其他功能；需要持续运行维护，比较消耗电能

下面对其中涉及的典型技术进行介绍。

（1）生态净化

1）人工湿地

人工湿地是通过人工模拟自然湿地的结构和功能而设计和建造的湿地。人工湿地主要由基质、植物、微生物等组成，它充分利用物理、化学和生物的三重协同作用，通过过滤、吸附、沉淀、离子交换、植物吸收和微生物分解等作用来实现对污水的高效净化。与传统的污水处理技术相比，人工湿地污水处理系统具有出水水质稳定、投资低、耗能低、抗冲击力强、操作简单、运行费用低等特点。

①湿地类型

按照废水在湿地中的流程，人工湿地系统主要分为表面流人工湿地、水平潜流人工湿地、垂直潜流人工湿地等类型。

a. 表面流人工湿地（Surface Flow Constructed Wetland）是一种污水从湿地表面漫流而过的长方形构筑物，具有结构简单、工程造价低的特点，但由于污水在填料表面漫流，易滋生蚊蝇，会对周围环境产生不良影响，而且其处理效率较低。污水从湿地表面流过时，在流动的过程中废水得到净化。水深一般是 0.3～0.5m，水流呈推流式前进。污水从入口以一定速度缓慢流过湿地表面，部分污水或蒸发或渗入地下。近水面部分为好氧生物区，较深部分及底部通常为厌氧生物区。表面流人工湿地中的氧主要靠水体表面扩散、植物根系的传输和植物的光合作用来获得。表面流人工湿地如图 7.11 所示。

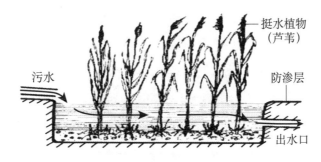

图 7.11　表面流人工湿地

b. 水平潜流人工湿地（Subsurface Constructed Flow Wetland），污水在填料缝隙之间渗流，可充分利用填料表面及植物根系上的生物膜及其他作用处理污水，出水水质好。由于水平面在覆盖土层或细砂层以下，卫生条件较好，故被广泛采用。潜流式湿地一般由两级湿地串联、处理单元并联组成。与表面流人工湿地相比，水平潜流人工湿地的水力负荷大，对 BOD、COD、TSS、TP、TN、藻类、石油类等有显著的去除效率。水平潜流人工湿地一般设计成有一定底面坡降的、长宽比大于 3 且长大于 20m 的构筑物，污水流程较长，有利于硝化和反硝化作用的发生，脱氮效果较好。水平潜流人工湿地如图 7.12 所示。

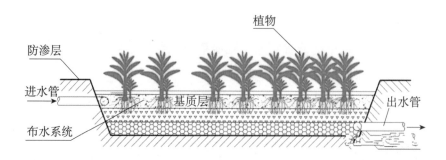

图 7.12　水平潜流人工湿地

c. 垂直潜流人工湿地（Vertical Flow Constructed Wetland），污水沿垂直方向流动，氧供应能力较强，硝化作用较充分，占地面积较小，可实现较大的水力负荷长期运行。垂直潜流人工湿地的硝化能力高于水平潜流人工湿地，对于氨氮含量较高的污水、废水有较好的处理效果。垂直潜流人工湿地的缺点是对于污水中的有机物处理能力不足，控制相对复杂，夏季有滋生蚊蝇的现象。垂直潜流人工湿地如图 7.13 所示。

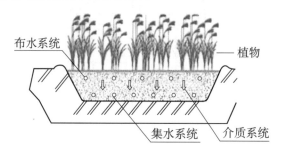

图 7.13　垂直潜流人工湿地

②湿地植物

植物是人工湿地的重要组成要素，在水质净化过程中发挥着重要作用，植物的净化功能与其生长状况及植物间的合理搭配有着密切的关系，湿地植物生长越良好、搭配越合理，对水质的净化功能就越强。湿地植物选取的一般原则是适地适种、耐污能力强、根系发达、生物量大等。

植物在湿地中的作用主要包括通过自身的生长吸收营养物质、根系为微生物提供栖息场所、维持和加强人工湿地内的水力传输、向根系供氧以促进污染物的分解和转化等。湿地植物分为沉水植物、浮水植物和挺水植物三大类。

　　a. 沉水植物。沉水植物是指植物体全部位于水层下面并且结合着生存的大型水生植物。植物体长期沉没在水下，仅在开花时，花柄和花朵才露出水面。这类植物的叶子大多为带状或丝状，如苦藻、金鱼藻、眼子菜、黑藻等。

　　(a) 苦藻　　　　　(b) 金鱼藻

　　(c) 眼子菜　　　　(d) 黑藻

图 7.14　常见沉水植物

　　沉水植物作为湿地生态系统的初级生产者之一，主要利用根、茎、叶吸收水体中的氮、磷营养物质，以及根部为微生物提供代谢场所，从而起到净化水体的作用，同时还可调节水生态系统的物质循环速度，增加水体生物的多样性，在维护水生态平衡方面有很好的前景。常见沉水植物如图 7.14 所示。

　　(a) 凤眼莲　　　　(b) 荇菜

　　(c) 浮萍　　　　　(d) 睡莲

图 7.15　常见浮水植物

　　b. 浮水植物。浮水植物也称浮叶植物，是生于浅水中，叶浮于水面，根长在水底土中的植物。常用于人工湿地净化水体的植物主要有凤眼莲、荇菜、浮萍和睡莲等。

　　浮水植物具备生长速度快、吸收养分能力强，同时对环境要求低、耐污能力强的特点，能够很大程度地改善水体的透明度、吸收水体中的氮磷营养物质、抑制藻类生长、净化水体中的重金属等。常见浮水植物如图 7.15 所示。

　　c. 挺水植物。挺水植物即植物的根、根茎生长在水的底泥之中，茎、叶挺出水面的植物，常分布于 0~1.5m 的浅水处，其中有的种类生长于潮湿的岸边。这类植物在空气中的部分，具有陆生植物的特征，而生长在水中的部分（根或地下茎）具有水生植物的特征。代表性植物有芦苇、香蒲、旱伞草、菖蒲等。挺水植物因其具备根系发达、生长迅速和生物量大等特点，对水体中的 COD、BOD_5、TN、TP、SS、重金属等具有较强的去除能力。常见挺水植物如图 7.16 所示。

(a) 芦苇　　　　　　(b) 旱伞草

(c) 香蒲　　　　　　(d) 菖蒲

图 7.16　常见挺水植物

　　2）生态浮岛

　　生态浮岛技术是按照自然界的自身规律，将挺水植物利用载体栽培在自然水域的水面，不需要泥土的营养，利用植物根系在水中吸收、吸附富营养盐物质以及通过微生物对富营养盐物质的降解等作用，去除水体中的 TN、TP 等污染物质，达到水质净化、营造景观效果甚至收获产量的目的。生态浮岛技术原理示意图如图 7.17 所示。

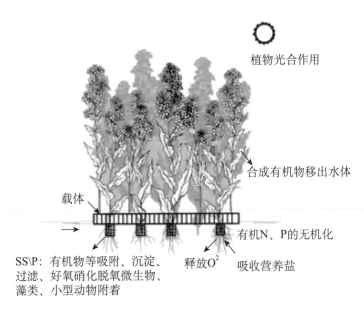

植物光合作用

合成有机物移出水体

载体

有机N、P的无机化

SS\P：有机物等吸附、沉淀、
过滤、好氧硝化脱氧微生物、
藻类、小型动物附着

释放O^2

吸收营养盐

图 7.17　生态浮岛的技术原理示意图

①生态浮岛的种类及构建方式（见表 7.8）

按浮岛植物与水体直接接触与否的原则，可将生态浮岛分为干式和湿式两种，植物和水接触的为湿式，不接触的为干式。

表 7.8　生态浮岛的种类和构建方式

种类	构建方式	栽培载体
干式浮岛	一体式	培养基容器加混凝土载体
	组合式	浮筒和培养基容器加混凝土载体
湿式浮岛	无框架式	椰子纤维编织网
		植物根茎牵连
		合成纤维及合成树脂
	有框架式	聚苯乙烯泡沫板或塑料加PVC管框架
		竹木加PVC管框架

干式浮岛由于植物直接与土壤接触，净水功能较差；而湿式浮岛中的无框架式浮岛的使用寿命较短，因此，有框架式湿式浮岛是目前生态浮岛技术中使用最多的浮岛。

生态浮岛的结构主要由浮岛植物、浮岛载体和水下固定设施组成，浮岛载体主要包括塑料、泡沫、竹子和纤维等。目前生态浮岛选用的植物主要有香蒲、千屈菜、芦苇、美人蕉、水芹菜、香根草、牛筋草、荷花、多花黑麦草、灯心草、水竹草、空心菜、旱伞草、水龙、菖蒲、海芋、凤眼莲、茭白等。水下固定既要保证浮岛不被风浪带走，还要保证在水位剧烈变动的情况下，能够缓冲浮岛和浮岛之间相互碰撞的压力，常用的固定设施有重物型、船锚型、桩基型（见图 7.18）。另外一般还会在浮岛本体和水下固定端之间设置一个小型的浮子。

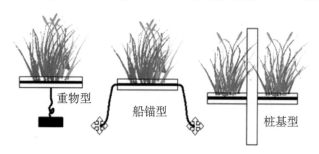

图 7.18　生态浮岛的固定方式

②植物的选择

植物的选择是建设生态浮岛非常重要的部分，设计时应从多方面进行权衡。由于植物具有较强的地域性，因此选择时应尤其注重选用乡土水生植物或水陆两栖植物。在北方地区，可以选择芦苇、千屈菜等；在南方地区，可以种植菖蒲、水芹菜、旱伞草等。同时，尽量使用多年生草本植物，以降低后期维护成本。对外来植物品种的使用应进行适当的控制，水葫芦植物在净化水质及其美化植物景观方面效果都较为明显，但是，由于其极易蔓延，且不易控制，因此应对此种植物进行合理控制，并及时处理。

③生态浮岛的类型

生态浮岛可分为单种植物型浮岛、混合植物型浮岛、强化生物膜作用的浮岛、强化生态系统交互作用的浮岛和曝气生态浮岛。

　　a. 混合植物型浮岛。混合植物型浮岛综合考虑的是植物之间的"协同作用"，可以增强浮岛的净化能力。例如，美人蕉、灯心草、菖蒲的根系长度不一，得以吸收不同水层的氮和磷，而通过光合作用吸收的氧气可通过根系到达不同水层，促进好氧微生物的生长（见图 7.19）。

图 7.19　混合植物型浮岛

　　b. 强化生物膜作用的浮岛。研究发现，单纯的植物浮岛由于微生物量较少，与人工湿地相比，处理效率较低，为改善这一问题，一些研究者们开始在植物浮岛的基础上安装人工填料，以增强原本只有根系发生的生物膜的作用。专家用三种耐寒植物（千屈菜、小香蒲、黄菖蒲）作为浮岛主体，以高强度生物碳纤维作为填料，从而起到对 COD、氨氮、总磷较好的处理效果（见图 7.20）。

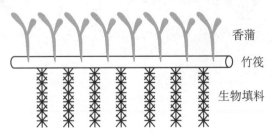

图 7.20　强化生物填料型浮岛

c. 强化生态系统交互作用的浮岛。研究发现，贝类水生动物的生长有助于提高生态系统对营养物的吸收能力，且不会造成水质恶化，所以为了进一步提高浮岛的处理能力，可以考虑在水生植物及人工填料的基础上加入水生动物区。但是单独的贝类动物并不具有脱氮能力，必须与水生植物相配合。可在水生植物区的下面设置水生动物区，笼养滤食贝类水生动物，通过贝类的消化作用大幅度提高有机污染物的生物可降解性，结合人工介质的微生物富集作用，可以提高组合生态浮岛的微生物净化效能。

另外，在生物膜的基础上投入菌剂会加快污染物去除的速度，生态浮岛系统中生物膜上硝化菌的数量少、反硝化菌的生长速度缓慢等因素都降低了脱氮效果，可以通过投加反硝化菌剂的方法来提高去除效果。

d. 曝气生态浮岛。人工湿地系统内氨氮的去除率较低的主要因素是溶解氧（DO），在人工湿地、浮岛系统中加设曝气管后，溶解氧会增加，这就促进了硝化作用，提高了氨氮的去除效果。较高的溶解氧为水体中的好氧微生物，特别是根际好氧微生物的生长、发育和繁殖创造了条件。太阳能曝气生态浮岛如图 7.21 所示。

图 7.21　太阳能曝气生态浮岛

（2）人工增氧

1）喷泉曝气机（见图7.22）

喷泉曝气机在水体净化方面有着独特的优势，同时具有喷泉景观效果，是其他水处理设备无法比的，适宜河道、湖泊、人工湖等水体的治理使用。浮水喷泉曝气机具有一体式的漂浮结构，是不受水位变化影响的河湖治理设备。

喷泉曝气机特有的水体对流形式，在制造垂直循环流过程中，使表层水体与底部水体交换，新鲜的氧气被输入水底，在水底形成富氧

图 7.22　喷泉曝气机

水层，调节表层水温，抑制水体表面藻类的繁殖及生长，改善微生态环境，强化水体自净能力，短期内可改善水质，同时也为河道增加了景观性。

2）射流曝气机（见图7.23）

射流曝气是处理污水好氧段曝气充氧的一种方式，相比于其他诸如微孔曝气、潜水曝气、表曝机等曝气方式，射流曝气几乎不会发生堵塞，在较长使用寿命期内几乎无需维护，能够恒定、稳定、高效地供氧。射流曝气系统包含射流曝气器、循环水泵、鼓风机三部分。

循环水泵泵送的液体经由主管道、内喷嘴到达混合室，把气体剪切成微小的气泡，形成富氧的气液混合体，气液交织的湍流经外喷嘴水平射出。气液混合体同时具有水平方向和垂直方向的能量，在池内产生强烈的混合，并携裹周围的液体往前流动，在水平方向动力和垂直方向气体上浮动力的双重作用下，形成整体的混合和循环。

3）水面曝气技术

水面曝气技术主要利用太阳能使上下层水体实现交换，从而可对静止的水

体扰动，增加水体的流动性，达到净化水体水质的作用。太阳能水循环曝气技术如图 7.24 所示。

图 7.23　射流曝气机　　　　　　图 7.24　太阳能水循环曝气技术

太阳能水循环曝气技术是利用太阳能光电板将太阳能转换成电能，电能启动水泵系统产生纵向水流来彻底搅动水体，迫使水体中含氧量极低的深层水体通过导流管到达表层，周而复始地进行水体的上下层交换，与此同时，在水体表面维持一个近似层状流的条件。该技术能有效地增加水体中的溶解氧含量，进而使整个水域达到氧的平衡。水体中溶解氧的增加，加速了生物净化过程和水体中营养物质的氧化，可有效地抑制水体中藻类的生长和繁殖，使水质得到迅速有效的改善和提高。

浮动式的太阳能水循环和处理设备，可利用太阳能进行 24h 运转。大型号设备总体流量可达 37.8m³/min，整机直径 5m，重 270kg。整个机体由不锈钢制成，浮筒为 HDPE，入水管为 PVC 和不锈钢，混凝土锚定物用 HDPE 包起来，使用的是低压直流无刷电机，设备上有 3 个功率为 80W 的太阳能光电板，入水管深度可达 30m。条件适宜时，大型号设备的处理面积可达 100 亩以上。

7.2.4　其他治理技术

除控源截污、内源治理和生态修复技术外，城市黑臭水体的治理还有其他类型的技术，具体内容见表 7.9。

表 7.9　其他治理技术

技术（措施）	技术特点和适用性	限制因素
活水循环	通过设置提升泵站、水系合理连通、利用风力或太阳能等方式，实现水体的流动；非雨季时可利用水体周边的雨水泵站或雨水管道作为回水系统；应关注循环水出水口的设置，以降低循环出水对河床或湖底的冲刷。该技术适用于城市缓流河道水体或坑塘区域的污染治理与水质保持，可有效提高水体的流动性	部分工程需要铺设输水渠，工程建设和运行成本相对较高，工程实施难度大，需要持续运行维护；在实施河湖水系的连通前应进行生态风险评价，避免盲目性
清水补给	利用城市再生水、城市雨水、清洁地表水等作为城市水体的补充水源，增加水体的流动性和环境容量。充分发挥海绵城市建设的作用，强化城市降雨径流的滞蓄和净化；清洁地表水的开发和利用需关注水量的动态平衡，避免影响或破坏周边水体功能；再生水的补水应采取适宜的深度净化措施，以满足补水水质要求。该技术适用于城市缺水水体的水量补充，或滞流、缓流水体的水动力改善，可有效提高水体的流动性	再生水补源往往需要铺设管道；需加强补给水水质的监测，明确补水费用的分担机制；不提倡采取远距离外调水的方式实施清水补给
就地处理	采用物理、化学或生化处理方法，选用占地面积小、简便易行、运行成本较低的装置，达到快速去除水中污染物的目的；临时性治理措施需考虑后期绿化或道路恢复，长期性治理措施需考虑与周边景观的有效融合。该技术适用于短期内无法实现截污纳管的污水排放口，以及无替换或补充水源的黑臭水体	市场上该技术的水平良莠不齐，技术选择难度大；需要费用支持和专业的运行维护；部分化学药剂对水生生态环境具有不利影响
旁路治理	在水体周边区域设置适宜的处理设施，从污染最严重的区段抽取河水，经处理设施净化后，排放至另一端，实现水体的净化和循环流动；临时性治理措施需考虑后期绿化或道路恢复，长期性治理措施需考虑与周边景观的有效融合。该技术主要适用于无法实现全面截污的重度黑臭水体，或无外源补水的封闭水体的水质净化，也可用于突发性水体黑臭事件的应急处理	需要费用支持和专业的运行维护

其中，旁路治理的具体技术如下。

（1）絮凝沉淀

投加絮凝药剂，使之与水体中的污染物形成沉淀而达到去除的目的。该技术可以在短时间内快速净化水质，但若在水体中原位实施，那么污染物只是沉至水底，并没有从水体中去除，容易反弹，因此不宜向水体中直接投加絮凝药剂，应进行体外循环处理，而且此技术只适用于小型且相对封闭的水体。

（2）超磁分离水体净化技术

超磁分离水体净化技术通过向无磁性或弱磁性的污水中投加磁种、混凝剂和助凝剂来实现净化，污水中的悬浮物在搅拌器的作用下生成以磁种作为"核"的悬浮物混合体，之后在超磁分离机稀土永磁产生的高强磁力下实现磁性絮团与水的快速分离。超磁分离技术具有快速高效及占地面积小等优点，全段反应时间在 4～6 min 之间，出水效果好，对悬浮物、COD_{Cr} 和总磷的去除率较高。超磁分离水体净化技术为物理方法，故具有耐负荷和水量波动冲击能力强的特点。

（3）高效生化处理净水技术

黑臭水体治理中的高效生化处理净水技术是将污水处理厂中的生化技术进行了优化和改良，使之适应黑臭水体的水质条件，并尽量提高效率，减小占地面积，包括多级 A/O 法、曝气生物滤池法和生物接触氧化法等。

7.3 黑臭水体的治理新技术

7.3.1 "石墨烯光催化网"技术

"石墨烯光催化网"是"具有可见光响应的异质间高效量子转移技术"的具体应用，它以聚丙烯纤维材料作为基材，其上再通过独特的涂覆工艺负载多层特殊材料。这些材料由光敏材料、载流子高效转移石墨烯材料和具有量子尺寸效益的光催化材料组成，共同构建可见光红外响应的复合层状光催化系统。它是多层复合材料，共分 5 层：最底层以聚丙烯纤维材料为基材，解决比表面积问题；第 4 层为中间保护层；第 3 层为日光／红外响应层，进行高效光催化响应；第 2 层为量子过渡层，可以解决效率问题；最外层为量子尺寸效应光催化层，其中的量子尺寸材料主要解决的是负载牢度问题。材料组成见图 7.25。

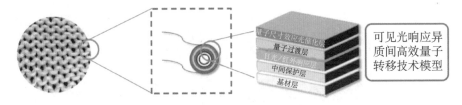

量子尺寸效应光催化层
量子过渡层
日光／红外响应层
中间保护层
基材层

可见光响应异质间高效量子转移技术模型

图 7.25　"石墨烯光催化网"的材料组成

"石墨烯光催化网"技术摆脱传统光催化只能利用紫外光的使用局限，通过日光激发光敏材料，材料体系能够分解水制氧、产生氧化活性物质，从而使水中溶解氧增加，阻碍厌氧菌分裂繁殖，催化降解有机污染物。当系统接收到日光照射时，可见光敏感材料会迅速产生光生空穴（h^+）与光生电子（e^-），二维材料可以抑制 h^+ 和 e^- 的复合，h^+ 与 H_2O 反应生成羟基自由基（$\cdot OH$），e^- 与 O_2 反应生成 $\cdot O_2^-$。而 h^+、$\cdot OH$ 与 $\cdot O_2^-$ 统称为活性氧物质，该物质能氧化分解有机污染物，破坏细胞膜，从而达到杀菌的目的。光催化材料利用特定的掺杂方法，与光敏感材料能隙匹配，加上局域表面等离子体共振，提升材料体系的可见光响应强度，这样"石墨烯光催化网"可以在可见光条件下使有机污染物降解，并提高溶解氧的含量，以恢复水体的自净能力。光催化氧化基础原理如图7.26 所示，利用光催化氧化技术处理黑臭水体的原理如图 7.27 所示。

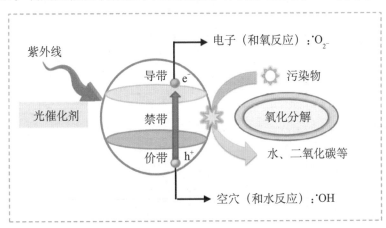

紫外线

电子（和氧反应）：$\cdot O_2^-$

污染物

导带　e^-

光催化剂

禁带

氧化分解

价带　h^+

水、二氧化碳等

空穴（和水反应）：$\cdot OH$

图 7.26　光催化氧化基础原理

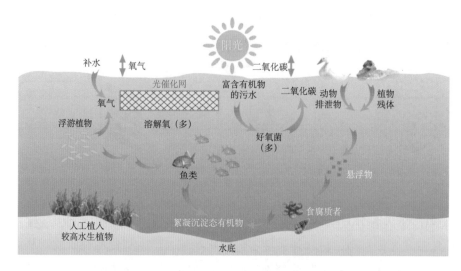

图 7.27　利用光催化氧化技术处理黑臭水体的原理

7.3.2　"原位修复、泥水同治"技术

河道湖泊的"原位修复，泥水同治"技术是采用系列新型高效物化凝聚剂与泥水充分搅拌，通过凝聚、吸附、电化学、螯合固定和分离作用，使溶存在污水中的物质（包括重金属类的污染物）和悬浊物快速凝集分离，使污水转为水质优良的清洁水。该技术的核心是通过快速修复水体生态链的关键胚体——底泥，螯合固化底泥中的重金属，提高底泥氧化还原电位，激活土著微生物，重构生态系统，建立生物床，从而恢复水体的自净能力，其施工流程如图 7.28 所示，挂浆机搅拌作业方式见图 7.29。

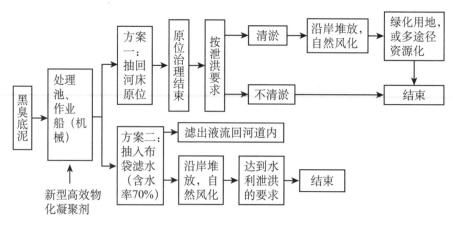

图 7.28　施工流程图

图 7.29　挂浆机搅拌作业

7.3.3　强化耦合生物膜反应器技术

强化耦合生物膜反应器河湖水体生态净化（EHBR）技术是将气体分离膜技术与生物膜法水处理技术结合起来的一种新型污水处理技术，其核心部分包括中空纤维膜和生物膜，技术基础原理见图 7.30。生物膜附着生长在透氧中空纤维膜的外表面上。空气通过中空纤维膜为生物膜进行供氧，生物膜与污水充分接触，污水中所含的有机物和氨氮被生物膜吸附和分解除去，从而使污水得到净化。强化耦合生物膜见图 7.31。

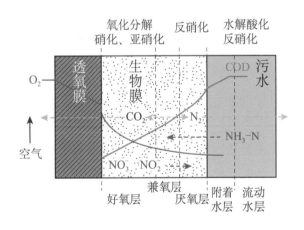

图 7.30　EHBR 技术的基础原理

微生物膜附着生长在透氧中空纤维膜表面，污水在透氧膜周围流动时，水体中的污染物在浓差驱动和微生物吸附等作用下进入生物膜内，经过生物代谢

125

和增殖被微生物利用，使水体中的污染物同化为微生物菌体，固定在生物膜上或分解成无机代谢产物，从而实现对水体的净化。EHBR 技术的生物膜中具备脱氮除碳除磷功能的优势菌群。而工况条件主导顶级群落的结构组成和分布。通过改变工况参数可以有效地调控主要菌群的分配比例，从而优化运行效能。

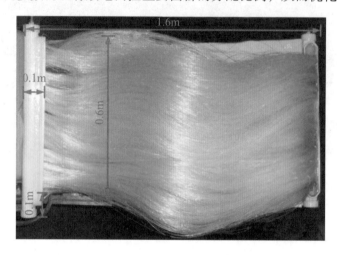

图 7.31　强化耦合生物膜

7.3.4　固定化微生物技术

固定化微生物技术是以专利技术研制生产的生物制剂活菌净水剂固定在具有巨大比表面积的生物带上，并结合曝气复氧等技术手段对城市黑臭水体和底泥进行生物降解的一种技术。

活菌生物净水剂——高密度发酵技术主要是将从自然界分离出来的芽孢杆菌作为菌种，在按照常规方法配置的初始发酵液中进行发酵，发酵过程中通过工艺参数变化适时补加生长促进因了，使发酵液的光密度值达到 100 以上，活菌数达到 100 亿个／ml。由于采用了低温干燥工艺，菌体处于休眠状态，不易死亡，便于运输、使用和保存。此外，通过菌种筛选，菌体获得了一种在有氧状态下能够进行反硝化的功能，在去除 COD（化学耗氧量）的同时能够脱磷脱氮。

活菌生物净水剂——高密度发酵技术的主要效果是：能够有效消除水中的

有机物和腐殖质，净化水体；降解氨氮、亚硝基氮，分解硫化氢；增加水体中和鱼、虾、蟹、蚌体内的有益菌群，抑制有害细菌生长，增加鱼、虾、蟹、蚌等水产品的抗病能力，预防鱼病发生；稳定水体 pH 值，补充微量元素。这种技术目前已在我国沿海 70 万亩养殖水面和北京动物园、北京朝阳公园、广州动物园、上海桂林公园等景观水体中试用过，效果均十分明显。如景观水体在 1～2 个月内连续使用活菌生物净水剂，可提高水质一至二个级别，特别是对水质恶化的景观水具有迅速除臭、减少 NH_3、消除悬浮物和增加透明度的明显作用。

7.3.5　PGPR制剂

PGPR 是指生存在植物根圈范围中，对植物生长有促进作用或对病原菌有拮抗作用的有益细菌的统称。

（1）PGPR 能分泌植物促生物质。研究发现许多 PGPR 种类能分泌不同的促生物质，包括植物激素、维生素、氨基酸、其他活性有机小分子及衍生物等。

（2）PGPR 能改善植物根际的营养环境。PGPR 在植物根际聚集，它们旺盛的代谢作用加强了土壤中有机物的分解，促进了植物营养元素的矿化，增加了对作物营养的供应。

（3）PGPR 对作物病害有生物控制作用。已有的研究证实 PGPR 具有减轻、降低许多作物病害发生的作用。PGPR 的生物病害调控机制主要是能够产生抗生素、胞外溶解酶、氰化物和铁载体，还有可能改变根圈微环境的平衡，促进作物生长。而且发现一些作物在接种 PGPR 后，有关作物病害防御的化合物水平呈上升趋势。

（4）PGPR 对污染物有降解作用。新近的研究发现，许多属的 PGPR 类群具有降解污染物的作用，亦有人称之为"生物治疗"作用。

波海湖生态修复项目采用"ISSA PGPR 原位生态修复技术"，以一个崭新的治水思路对星湖水质进行整治。波海湖应用的生态修复技术，实际上就是原位选择性激活 PGPR，通过将激活 PGPR 所需的各种营养物质制成生态修复剂，再投放在生态反应池中，建立起"PGPR 选择性激活平台"，同时把这些营养物质持续提供给水环境中的 PGPR 微生物，从而使得原来湖水中的 PGPR 微生物被连续不断地激活并且快速繁殖，促进生态系统修复。简单地说，就是不断壮大湖水中原有的有益微生物，通过代谢来消耗底泥中的富营养物质，实现生物清淤的作用，并促进浮游生物的生长，建立起"大鱼吃小鱼、小鱼吃小虾"的良性食物链来"吃掉"水体里的富营养物质，最终大幅增强水体的自净功能，让水体污染物原位转移，就地"消化"。

7.4 各种黑臭水体治理技术的对比

7.4.1 点源治理技术对比（见表7.10）

表 7.10 点源治理技术对比

技术名称	技术优势	限制因素	适用范围
磁加载技术	撬装化、移动化、占地面积小，简便易行，运行成本低，处理速度快，可有效去除SS、TP、非溶解性COD等	需要费用支持和专业的运行维护	短期内无法实现截污纳管的污水排放口；无替换水源或补充水源的黑臭水体；突发性水体黑臭事件的应急处理
固定化微生物技术	出水水质好，可有效去除COD、氨氮等污染物	占地面积较大，需要费用支持，运行管理较为复杂	适用于城镇生活污水的治理；现有污水处理厂的升级改造；无法实现全面截污的重度黑臭水体治理，或无外源补水的封闭水体的水质净化
MBBR技术	无需二沉池，投资低，容积负荷高，除碳、脱氮效率高	占地面积较大，选址困难，需要费用支持和专业的运行维护	适用于村镇污水处理；工业废水处理；重度黑臭水体的旁路治理；低碳高氮磷的黑臭水体治理

续表

技术名称	技术优势	限制因素	适用范围
厌氧滤池技术	无需曝气，可节约能源，对高浓度有机废水处理效率高	占地面积较大，选址困难；对低浓度生活污水处理的效率低，需要与其他工艺相结合	适用于高浓度有机废水等工业的废水治理
厌氧反应器技术	无需曝气，可节约能源，对高浓度有机废水的处理效率高	占地面积较大，选址困难；不适合生活污水的处理	适用于高浓度有机废水等工业的废水治理

7.4.2　面源治理技术对比（见表7.11）

表 7.11　面源治理技术对比

技术名称	技术优势	限制因素	适用范围
雨水控制与净化技术	可结合海绵城市的建设，避免由雨水等地表径流造成的河道等水体污染	工程量大，影响范围广；需要水体汇水区域；系统性强，工期较长；工程实施经常受当地城市交通、用地类型控制等因素的制约	主要用于城市初期雨水、冰雪融水收集、控制与净化
地表固体废弃物收集技术	可防止由垃圾渗滤液造成的水体污染	工程量大，影响范围广；受当地城市交通、用地类型控制、市容管理能力等因素的制约	主要用于城市生活垃圾处理

7.4.3　内源治理技术对比（见表7.12）

表 7.12　内源治理技术对比

技术名称	技术优势	限制因素	适用范围
垃圾清理	可防治水体沿岸垃圾的污染	在城市水体沿岸垃圾存放历史较长的地区，垃圾清运不彻底可能会加速水体污染	主要用于城市水体沿岸垃圾临时堆放点的清理

技术名称	技术优势	限制因素	适用范围
生物残体及漂浮物清理	防治水生植物、岸带植物和落叶等季节性的水体内源污染物，需在干枯腐烂前清理	季节性生物残体和水面漂浮物清理的成本较高，监管和维护难度大	主要用于城市水体水生植物和岸带植物的季节性收割、季节性落叶及水面漂浮物的清理
清淤疏浚	可快速降低黑臭水体的内源污染负荷，避免其他治理措施实施后，底泥污染物向水体释放	需合理控制疏浚深度，过深容易破坏河底水生生态，过浅则不能彻底清除底泥污染物；高温季节疏浚后容易导致形成黑色块状漂泥；底泥运输和处理处置难度较大，存在二次污染风险，需要按规定安全处理处置	适用于所有黑臭水体，尤其是重度黑臭水体底泥污染物的清理
生物制剂及化学药剂	属于原位水质净化的方式，实施简便，工程量小	应强化技术安全性评估，避免对水环境和水生态造成不利影响和二次污染	适用于所有黑臭水体的底泥降解处理

7.4.4 生态修复技术对比（见7.13）

表 7.13 生态修复技术对比

技术名称	技术优势	限制因素	适用范围
生态净水草及生物填料	工程实施便利，外形美观，能使水质得到进一步提升	水深要求大于1m，处理效率较生化方法低	适用于城市流动性较大河道的水体污染治理与水质保持
水面推流	可有效提高水体的流动性，防止水华发生	水面要求较大，水深要求大于0.8m，需要持续运行维护，消耗电能较大	适用于城市缓流河道水体或坑塘区域的污染治理与水质保持

续表

技术名称	技术优势	限制因素	适用范围
曝气增氧	具有水体复氧功能，可有效提升局部水体的溶解氧水平	人工增氧设施不得影响水体行洪的功能或其他功能；需要持续运行维护，消耗电能较大；适合轻度黑臭水体水质的改善	作为阶段性措施，主要适用于后城市水体污染的治理与水质保持
岸带修复	包括消落带、河滨带的治理，通过恢复岸线和水体的自然净化功能，强化水体的污染治理效果	工程量较大，工程垃圾处理处置成本较高；生态岸带植物的收割和处理处置成本较高、维护量较大	主要用于已有硬化河岸（湖岸）的生态修复，属于治理城市水体污染的长效措施
生态净化	主要包括人工湿地、生态浮岛、沉水植物抚育等	应以有效控制外源污染物和内源污染物为前提，不得与水体的其他功能冲突；对严重污染河道的改善效果不显著；植物的收割和处理处置成本较高	用于城市水体水质的长效保持，通过生态系统的恢复与系统构建，持续去除水体污染物，改善生态环境和景观

7.5　黑臭水体治理底泥处置技术

对河湖污染底泥进行环保清淤时，可通过减量化、稳定化、无害化等系列措施对清理出来的污泥进行处理，最终通过用于回填、制作、建材等用途，实现河湖污泥的资源化利用。

7.5.1　综合利用

（1）底泥堆肥。底泥堆肥作农用是一种较佳的处置方式。这种利用方式和处置方式可以使底泥中含有的有机物重新进入自然环境，从而改良土壤结构，增加土壤肥力，促进作物生长，底泥中含有大量植物生长所必需的养分（N、P、K）、微量元素（Ca、Mg、Cu、Fe）及土壤改良剂（有机腐殖质）。但是，底泥中也含有大量对植物、土壤及水体有危害作用的病菌、寄生虫（卵）、难降解有机物、重金属离子以及多氯联苯、二噁英、放射性核素等难降解的有害物质等，这些物质会对土壤、地表水和地下水造成严重的污染，重金属离子等甚至可能产生致癌物质。因此，底泥在被农田林地利用前，应先对底泥进行检测分析，用堆肥处理以杀死病菌及寄生虫卵，采取物理化学方法去除重金属离子等有害物质。但处理不当会产生相当危险的后果，而且化肥的普遍应用造成底泥堆肥销售市场难以开发，这些使得此种处置方式尚在研究开发当中，未得到普遍的推广。

（2）建材利用。利用底泥制成砖、水泥、陶瓷等建材是一种变废为宝的处理方法，不但减少了因堆放而侵占耕地面积的问题，同时缓解了砖瓦厂、水泥厂土源紧张和对农田取土破坏的问题，社会效益显著。建材利用对底泥的预处理要求较高，必须对底泥进行彻底地除臭除毒，用消化等方法将底泥中极易发臭腐败的有机物腐殖质分解成二氧化碳、氮和水，并采取措施杀灭各种病原体，然后用物理化学方法把底泥中的铬、镉、铅等重金属转化为不溶于水的物质，实现稳定化，再通过脱水使底泥含水率尽可能地降低。最后，这些经过除臭、除毒、灭菌、脱水后的底泥方可用来制造建材。

（3）低温热解利用。底泥低温热解是一种发展中的能量回收型底泥热化学处理技术，它是在催化剂作用下无氧加热干燥底泥至一定温度，由干馏和热分解作用使底泥转化为油、反应水、不凝性气体和炭等可燃产物，最大转化率取决于底泥的组成和催化剂的种类，其性质与柴油相似。这是一个新兴的课题，因热解的无害化和减量化彻底，有很好的发展前景，目前正在探索和试验阶段。

7.5.2 焚烧处置

焚烧是最彻底的处理底泥的方法，焚烧的最大优点是可以迅速和较大程度地使底泥减容，并且在恶劣的天气条件下也不需要存储设备。底泥中含有一定量的有机成分，经脱水干燥的底泥可用焚烧的方式处理，焚烧可以迅速降低底泥的体积并降低其有害性。焚烧使有机物完全燃烧，最终产物是 CO_2、H_2O、N_2 等气体及焚烧灰。在底泥焚烧的废气中可以获得剩余能量，用来发电；所产生的焚烧灰可用于改良土壤、或用作瓦和陶瓷等的原料等。底泥在焚烧之前无需进行堆肥、消化等处理，但是需进行脱水干燥来降低其含水率。底泥的焚烧操作很复杂，而且其有机成分含量直接影响其燃烧热值，焚烧效果很不稳定，有可能需要辅助燃料以提高焚烧的质量，焚烧时动力消耗也较大。底泥经过燃烧后，质量与体积会大大下降，但焚烧残渣为有害物质，仍需进行运输和最后处理。另外，底泥焚烧后的废气可能含有致癌物质二噁英，故需要配备去除二噁英的装置，价格较高。因此底泥焚烧所需的基建投资和运行费用较高，工艺操作较为复杂。

7.5.3　填埋处置

底泥填埋是目前国内外常用的方式，其优点是投资少、容量大、见效快。底泥经过简单消化灭菌和自然干化脱水后，有机物含量降低，总体积减少，性能稳定，可以直接送到生活垃圾填埋场去处理，而且可作为填埋场的每天覆土及最终覆土；或者设置专用的填埋场，根据底泥的含水率及力学特性等因素进行专门填埋。底泥填埋的操作要求与垃圾填埋相似。底泥填埋需要大面积的场地和一定量的运输费用，需做防渗处理以免污染地下水，并且考虑到填埋底泥的稳定性，需要对底泥的脱水、填埋场的防渗层和填埋作业有较高要求。

第 3 篇

固体废物的处理技术

8 绪论

8.1 固体废物的定义、特性和分类

1. 固体废物的定义

固体废物，是指在生产、生活和其他活动中产生的丧失原有利用价值或者虽未丧失利用价值但被抛弃或者被放弃的固态、半固态和置于容器中的气态的物品、物质以及法律、行政法规规定纳入固体废物管理的物品、物质。

通俗来讲，固体废物是指在社会的生产、流通、消费等一系列活动中产生的，在一定时间和地点无法利用而被丢弃的污染环境的固体、半固体废弃物质。不能排入水体的液态废物和不能排入大气的置于容器中的气态废物，由于多具有较大的危害性，一般也被归入固体废物管理体系。固体废物来自人类活动的许多环节，主要包含生产过程和生活过程的一些环节。

2. 固体废物的特性

固体废物具有鲜明的时间特征和空间特征，是在错误时间放在错误地点的资源。在时间方面，它仅仅是在现有的科学技术和经济条件下无法加以利用，但随着时间的推移、科学技术的发展、人们要求的变化，今天的废物可能会成为明天的资源。从空间角度看，固体废物仅仅相对于某一过程或某一方面没有使用价值，而并非在一切过程或一切方面都没有使用价值。一般过程的废物，

往往可以成为另一种过程的原料。固体废物一般具有某些工业原材料所具有的化学特性和物理特性，相比于废水，废物容易收集、运输、加工处理，因而可以回收利用。

固体废物的危害具有潜在性、长期性和灾难性等特点。固体废物对环境的污染不同于废水、废气和噪声。固体废物呆滞性大、扩散性小，它对环境的影响主要是通过水、气和土壤进行的。其中污染成分的迁移转化，如浸出液在土壤中的迁移，是一个比较缓慢的过程，其危害可能在数年以至数十年后才可能被发现。从某种意义上讲，固体废物，特别是有害废物对环境造成的危害可能比水、气废物造成的危害严重得多。

3.固体废物的分类

通常，根据固体废物的来源，可将其分为工业固体废物、城市生活垃圾、农林牧渔业固体废物和危险废物四大类，其具体来源和主要组成见表8.1。

表 8.1　固体废物的分类、来源和主要组成

分类	来源	主要组成
工业固体废物	1.矿业、电力工业	废石、尾砂、煤矿石、炉渣金属、废木料、砖瓦、灰石、水泥、沙石等
	2.黑色冶金工业	金属、炉渣、磨具、边角料、陶瓷、橡胶、灰尘等
	3.化学工业	金属填料、陶瓷、沥青、化学药剂、油毡、石棉、烟灰道、涂料等
	4.石油化工	催化剂、沥青、还原剂、橡胶、炼制渣、塑料等
	5.有色冶金工业	废渣、赤泥、尾砂、炉渣、烟灰道、化学药剂、金属等
	6.交通、机械、运输	涂料、木料、金属、橡胶、轮胎、塑料、陶瓷、边角料等
	7.食品加工业	肉类、谷物、果类、蔬菜、烟草、油脂、纸类等
	8.橡胶、皮革、塑料	橡胶、皮革、塑料、布、线、纤维、染料、金属等
	9.造纸、木材、印刷工业	刨花、锯末、碎末、化学药剂、金属填料、塑料填料、塑料等
	10.电器、仪器仪表等工业	金属、玻璃、木材、橡胶、化学药剂、研磨料、陶瓷、绝缘料等
	11.纺织服装业	布头、纤维、橡胶、塑料、金属等
	12.建筑垃圾	废金属、水泥、黏土、陶瓷、石膏、石楠、砂石、纸、纤维、废旧砖瓦、废旧混凝土、余土等

续表

分类	来源	主要组成
城市生活垃圾	1.居民生活垃圾	食物垃圾、纸屑、布料、庭院植物修剪物、金属、玻璃、塑料、陶瓷、燃料、灰渣、金属管道、轮胎、电器等
	2.商业、机关	纸屑、园林垃圾、金属管道、烟灰道、建筑材料、橡胶玻璃、办公杂品、废汽车、轮胎、电器等
	3.市政维护、管理部门	碎砖瓦、树叶、死禽畜、金属锅炉灰渣、污泥、脏土等
农林牧渔业固体废物	1.农林牧业	稻草、秸秆、蔬菜、水果、果树枝条、糠麸、落叶、废塑料、人畜粪便、禽类尸体、农药、污泥、塑料等
	2.水产业	腥臭死禽畜，腐烂鱼、虾、贝类，水产加工污水、污泥等
危险废物	1.核工业、核电站、放射性医疗单位、科研单位	金属、放射性废渣、粉尘、同位素实验室废物、核电站废物、含放射性物质的劳保用品等
	2.其他有关单位	含有易燃、易爆和有毒性、腐蚀性、反应性、传染性的固体废物等

1）工业固体废物是产生于工业、交通等生产活动中的固体废物，又称工业废渣或工业垃圾。

2）城市生活垃圾是指在城市居民生活中或为城市日常生活提供服务的活动中产生的固体废物以及法律、行政法规规定的视为城市生活垃圾的固体废物。

3）农林牧渔业固体废物是指来自农林牧渔业生产和禽畜饲养过程中所产生的废物。

4）危险废物是指被列入国家危险废物名录或者被国家危险废物鉴定标准和鉴定方法认定的具有危险性的废物。

4.城市生活垃圾的分类及分类要求

（1）分类

根据《城市生活垃圾分类及其评价标准》的行业标准，城市生活垃圾分类应符合表8.2的规定。

表 8.2　城市生活垃圾分类的规定

序号	分类类别	内容
1	可回收物	包括下列适宜回收循环使用和资源利用的废物： 1. 纸类。未严重玷污的文字用纸、包装用纸和其他纸制品等； 2. 塑料。废容器塑料、包装塑料等塑料制品； 3. 金属。各种类别的废金属物品； 4. 玻璃。有色和无色废玻璃制品； 5. 织物。旧纺织衣物和纺织制品
2	大件垃圾	体积较大、整体性强，需要先拆分再处理的废弃物品，包括废家用电器和家具等
3	可堆肥垃圾	垃圾中适宜利用微生物发酵处理并制成肥料的物质，包括剩余饭菜等易腐食物类厨余垃圾，树枝花草等可堆沤植物类垃圾等
4	可燃垃圾	可以燃烧的垃圾，包括植物类垃圾以及不适宜回收的废纸类、废塑料和橡胶、旧织物用品、废木等
5	有害垃圾	垃圾中对人体健康或自然环境造成直接或潜在危害的物质，包括废弃的日用小电子产品、废油漆、废灯管、废日用化学品和过期药品等
6	其他垃圾	在垃圾分类中，那些按要求进行分类以外的所有垃圾

（2）分类要求

垃圾分类应根据城市环境卫生专业规划的要求，结合本地区垃圾的特性和处理方式来选择垃圾分类方法。

采用焚烧处理垃圾的区域，宜按可回收物、可燃垃圾、有害垃圾、大件垃圾和其他垃圾进行分类。

采用卫生填埋处理垃圾的区域，宜按可回收物、有害垃圾、大件垃圾和其他垃圾进行分类。

采用堆肥处理垃圾的区域，宜按可回收物、可堆肥垃圾、有害垃圾、大件垃圾和其他垃圾进行分类。

8.2 国内外固体废物的概况

近年来，由于经济的快速发展，科学技术的进步，人们的生活质量有了较大的提高，但同时也带来了诸多环境问题。其中日益增多的固体废物便是不容忽视的重大问题之一。工业和城市产生的大量固体废弃物，不仅浪费了有限且宝贵的土地资源，也使大量的可再生资源白白流失，更严重地污染了水环境、大气环境、土地环境等，给人类生存的环境带来了极大的潜在危害。

据有关资料统计，全世界工业部门每年产生约 25 亿 t 固体废物和 5 亿 t 危险废物，部分发达国家的工业固体废物排放量，每年平均以 2%～4% 的速度增长。近年来，随着许多国家和地区的城市化速度的加快和居民消费水平的提高，城市垃圾的增长速度也十分迅速。

8.3 国内外固体废物的处理概况

固体废物的处理即指利用物理处理、化学处理、生物处理等不同组合或综合方法，把固体废物转化为适于运输、贮存、资源化利用及最终处置的过程。目前，国内外常见的固体废物处理技术主要分为预处理技术（破碎、压实、固化、分选）、资源化处理技术（焚烧、热解、湿式氧化）、生物处理技术（好氧堆肥、厌氧消化、微生物浸出）等。国内外各种处理方法的比较见表 8.3。

表 8.3　国内外常见固体废物处理方法的比较

类别	处理方法		
	中国现状	国际现状	国际发展趋势
生活垃圾	填埋、堆肥、制取沼气、焚烧、回收废品	填埋、卫生填埋、焚化、堆肥、海洋投弃、回收利用	压缩和高压压缩成型、填埋、堆肥、化学加工、加工利用

续表

类别	处理方法		
	中国现状	国际现状	国际发展趋势
工矿废物	堆弃、填埋、综合利用、回收废品	堆弃、焚化、综合利用	化学加工、回收利用、综合利用
城建垃圾	堆弃、填埋、露天焚烧	堆弃、露天焚烧	焚化、综合利用、化学加工、回收利用
城市污泥	填埋、堆肥、制取沼气	填埋、堆肥、土地利用、焚烧	堆肥、化学加工、综合利用、焚化
农业废弃物	堆肥、制取沼气、回耕、用作农村燃料、饲料和建筑材料、露天焚烧	回耕、焚化、堆弃、露天焚烧	堆肥、化学加工、综合利用
有害工业废渣和放射性废物	堆弃、隔离堆存、焚烧、化学和物理固化回收利用	隔离堆存、焚化、土地还原、化学和物理固化、化学、物理和生物处理、综合利用	隔离堆存、焚化、化学固定、化学、物理和生物处理、综合利用

9 固体废物的预处理

固体废物的种类多种多样，如金属废物、电器、汽车、纸张、塑料和生活垃圾等，其形状、结构及物理性质各不相同。为了对废物中的不同种类分别进行合适的处理和处置，需先对废物进行预处理。预处理以机械方式为主，其他方式为辅。经过预处理后，更利于对废物进行资源化、减量化和无害化的处理与处置操作。主要的预处理技术为压实、破碎、分选和脱水等。

对于需进行填埋的废物，通常先采用压实处理，降低废物的体积，以减少其在运输过程中的运输量和运输费用，并降低废物在后续填埋过程中占用的空间或体积。对于需进行堆肥或焚烧处理的废物，通常先采用破碎处理，使废物成为较小粒度的颗粒，以加快堆肥化过程并提高物料焚烧时的表面积。对于进行资源回收利用的废物，也需进行破碎和分选等预处理，比如从塑料导线中回收利用铜材料前，就需进行塑料剥皮的破碎和分选处理。

9.1 压实

压实又被称为压缩，是一种通过机械方式增大固体废物容重、减少固体废物体积，提高后续运输速度与管理效率的预处理技术。

经压实处理后，固体废物的体积会减小，易于装卸和运输，可节省运输成本，同时形成高密度惰性块料，便于贮存、填埋或作为建筑材料使用。

　　大多数固体废物是由颗粒（含水分）与颗粒间的空隙组成的集合体。当固体废物受到外界压力时，各颗粒间相互挤压，导致变形或破碎，减少空隙体积，从而达到重新组合的效果。压实前的固体废物如图 9.1 所示，压实后的固体废物如图 9.2 所示。

图 9.1　压实前

图 9.2　压实后

9.1.1　压实器

根据操作情况，对固体废物进行压实处理的设备可分为固定式和移动式两大类。凡是通过人工或机械方式将废物送到压实机械内部进行压实的设备均可称为固定式压实器。固定式压实器一般设在废物转运站、高层住宅垃圾滑到底部以及需要压实废物的场合。移动式压实器通常安装在垃圾收集车上，在收集废物后即可进行压缩，随后将其送往处理处置场地。

（1）水平压实器

水平压实器（见图9.3）是靠做水平往复运动的压头将废物压到矩形或方

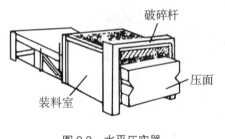

图9.3　水平压实器

形的钢制容器中，通常适于压实城市垃圾，常作为转运站固定型压实操作来使用。先将垃圾加入装料室，再启动具有压面的水平压头，使垃圾致密化和定形化，然后将坯块推出。在推出过程中，坯块表面的杂乱废物受破碎杆的作用而被破碎，不致妨碍坯块的整体移出。

（2）三向联合式压实器

三向联合式压实器具有三个互相垂直的压头，金属类等废物被置于容器单元内，而后依次启动1、2、3压头，逐渐使固体废物的空间体积缩小，容重增大，最终达到一定的尺寸，压后尺寸一般是200～1000mm。一般用于预处理金属类的废物，而且适于压实松散的金属废物和松散的垃圾。

（3）回转式压实器

回转式压实器具有两个压头和一个旋动式压头，适于压实体积小、质量小的固体废物。如图9.4所示，将废物装入容器单元后，先按水平式压头1的方向压缩，然后按箭头的运动方向驱动旋动式压头2，使废物致密化，最后按水平压头3的运动方向将废物排出。

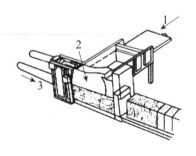

图9.4　回转式压实器

（4）移动式压实设备

带有行驶轮或可在轨道上行驶的压实器称为移动式压实器（见图 9.5）。按压实过程中工作原理的不同，可分为碾（滚）压、夯实、振动三种。固体废物的压实处理主要采用碾（滚）压方式，通常用于填埋场，也可安装在垃圾车上。现场常用的压实机主要包括胶轮式、高履带式压实机和钢轮式压实机。垃圾压实机械见图 9.6。

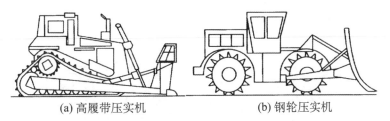

(a) 高履带压实机　　　　　　　　(b) 钢轮压实机

图 9.5　移动式压实设备

图 9.6　垃圾压实机械

9.1.2　城市垃圾的压缩流程

城市垃圾压实器与金属类废物压实器的构造相似。常采用的有三向联合式压实器及水平式压实器。为了防止垃圾中的有机物腐败，要求在压实器的四周涂敷沥青。其压缩处理工艺流程见图 9.7。

城市垃圾的压缩处理工艺流程共分三步：压实、防漏、运输。

（1）压实：先在压实器四周垫好铁丝网，再把垃圾送入压实器，然后送入压缩机压缩。压力为160~200kgf/cm²（1 kgf = 9.8N），压缩比可达到5。

（2）防漏：压实后，将压缩块由向上推动的活塞推出压缩腔，再送入180~200℃的沥青浸渍池待10s，目的是涂浸沥青防漏。

（3）运输：待冷却后经运输带装入汽车，运往垃圾填埋场。

另外，还要进行副产品的处理，压缩污水经油水分离器进入活性污泥处理系统，废水经杀菌处理后排放。

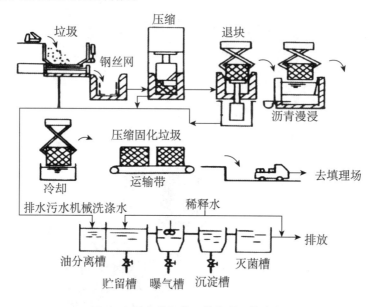

图9.7　城市垃圾的压缩处理工艺流程

9.2　破碎

破碎的目的是通过外力的作用克服固体废物质点间的内聚力，使其从大块分裂成小块。破碎的操作是所有固体废物处理过程中普遍采用的预处理工艺。

1.影响破碎效果的主要因素

影响破碎效果的主要因素是物料机械的强度及破碎力，其中决定物料机械强度的主要力学性质包括硬度、韧性、解理及物料的机构缺陷等。硬度越大，越不利于破碎，韧性大的物料不易破碎且不易磨细，解理多的物料容易破碎，结构缺陷越多越有利于破碎。

2. 破碎方法

（1）挤压式破碎

挤压式破碎是一种利用机械的挤压作用而使废物破碎的方法。所用设备一般采用一个挤压面固定，另一个挤压面做往复运动，也称为颚式破碎机。

（2）冲击式破碎

冲击式破碎是一个物体撞击另一个物体时，前者的动能迅速转变为后者的形变位能，而且集中在被撞击处，从而使物料破碎的一种方法。如果撞击速度很快，形变可能来不及扩展到被撞击物的全部，就在撞击处产生相当大的局部应力。如果进行反复冲击，则可使载荷超过疲劳极限，使被撞击物碎裂。因此用高频率冲击法进行破碎具有很好的效果。冲击式破碎机大多是旋转式，都是利用冲击作用进行破碎的。冲击式破碎几乎适于所有颗粒较为粗大的固体废物。

（3）剪切式破碎

剪切式破碎是一种利用机械的剪切力破碎固体废物的方法。剪切式破碎作用发生在互呈一定角度能够逆向运动或闭合的刀刃之间。一般，刀刃分固定刃和可动刃两种，可动刃又分往复刃和回转刃两种。若可动刃为往复式，则又可分为预备压缩机和剪切机两部分。剪切式破碎适于处理城市垃圾中的纸、布等纤维织物以及金属类废物等。

（4）磨剥式破碎

磨剥式破碎即磨碎，在固体废物的处理与利用中占有重要地位。它主要由圆柱形筒体、端盖、中空轴颈、轴承和传动大齿圈等部件组成。筒体装有直径为 25~150mm 的钢球。当电机联轴器和小齿轮带动大齿圈和筒体转动时，在摩擦力、离心力和筒壁衬板的共同作用下，钢球和物料被提升到一定高度，然后在其本身重力的作用下，产生自由泻落和抛落，从而对筒体内底脚区的物料产生冲击和研磨作用，使物料粉碎。物料达到磨碎细度的要求后，由风机抽出。磨剥式破碎广泛用于用煤矸石、钢渣生产水泥、砖瓦、化肥等过程以及垃圾堆肥的深加工过程中。

（5）低温破碎

对于在常温下难以破碎的固体废物，可利用其低温变脆的性能而有效地进行破碎，亦可利用不同物质脆化温度的差异进行选择性破碎，即所谓的低温破碎。低温破碎技术适用于常温下难以破碎的复合材质的废物，如钢丝胶管、橡胶包覆电线电缆、废家用电器等橡胶和塑料制品。先将固体废物投入预冷装置，再进入浸没冷却装置，这样橡胶、塑料等易冷脆物质会迅速脆化，然后送入高速冲击破碎机中破碎，使易脆物质脱落粉碎。破碎产品再进入各种分选设备进行分选。采用低温破碎技术有一定的优势，同一种材质破碎的尺寸大体一致，形状好，便于分离。但因这种方法通常采用液氮作制冷剂，而制造液氮需耗用大量能源，因此，运用该技术时必须考虑在经济效益上能否抵上能源方面的消耗费用。

（6）湿式破碎和半湿式破碎

湿式破碎技术最早是美国开发的，主要以回收城市垃圾中的大量纸类为目的。由于纸类在水力的作用下会发生浆化，而浆化的纸类可用于造纸，从而能达到回收纸类的目的。垃圾用传送带投入破碎机，破碎机于圆形槽底上安装多孔筛，筛上设有6个刀片的旋转破碎辊，使投入的垃圾和水一起激烈旋转，废纸则破碎成浆状，透过筛孔由底部排出，难以破碎的筛上物（如金属等）从破碎机侧口排出，再用斗式提升机送至磁选器，将铁与非铁物质分离。

半湿式破碎技术则是利用各类物质在一定均匀湿度下的耐剪切、耐压缩、耐冲击性能等差异很大的特点，在不同的湿度下选择不同的破碎方式，实现对废物的选择性破碎和分选。湿式破碎技术和半湿式破碎技术特别适于回收含纸屑较多的城市垃圾中的纸纤维、玻璃、铁和有色金属。

3. 破碎工艺与设备

根据固体的物理性质、破碎比要求和破碎机类型的特点，可将破碎与筛分组合成不同方式的破碎工艺流程，基本的流程如图 9.8 所示。

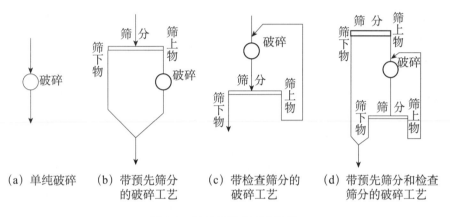

 (a) 单纯破碎 (b) 带预先筛分 (c) 带检查筛分的 (d) 带预先筛分和检查
       的破碎工艺   破碎工艺   筛分的破碎工艺

图 9.8　破碎的基本工艺流程

在选择破碎设备时，应考虑以下因素：固体废物性质（如硬度、密度、形状、粒径、含水率等）；破碎能力需求；破碎产品的要求（包括粒径、形状和粒度组成）；给料方式；安装操作现场条件；设备尺寸和功率消耗。

常用的破碎机包括颚式破碎机、锤式破碎机、冲击式破碎机、剪切式破碎机、辊式破碎机和粉磨机等。

9.2.1　颚式破碎机

颚式破碎机属于挤压型破碎机械，适于坚硬废物和中硬废物的破碎，广泛应用于冶金、建材和化学工业部门。

根据可动颚板的运动特性，可将颚式破碎机分为简单摆动型、复杂摆动型和综合摆动型三种。图 9.9 所示为简单摆动型颚式破碎机的结构示意图，图 9.10 所示为复杂摆动型颚式破碎机的结构示意图。简单摆动型颚式破碎机是偏心轴带动连杆做上下运动，连杆带动前后推力板做张、缩运动，前推力板带动颚板做水平运动，从而对废物进行破碎。简单摆动型颚式破碎机的给料口水平行程小，因此压缩量不够，生产率较低。相比复杂摆动型颚式破碎机，简单摆动型颚式破碎机少了一根可动颚板悬挂的心轴，没有垂直连杆，轴板也只有一块，可动颚板与连杆合为一个部件（被偏心转动轴带动在垂直水平方向上均有做复杂运动）。可见，复杂摆动型颚式破碎机的构造更为简单，可动颚板上部的行程较大，可以满足物料破碎时所需要的破碎量，可动颚板向下运动时有促进排料的作用，因而比简单摆动型颚式破碎机的生产率高 30% 左右。但是可动颚板的垂直行程大，会使颚板的磨损速度加快。复杂摆动型颚式破碎机的实拍图见图 9.11。

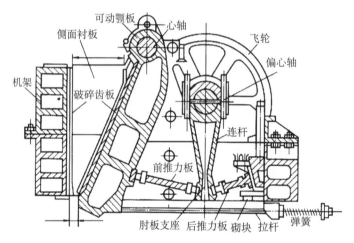

图 9.9　简单摆动型颚式破碎机的结构示意图

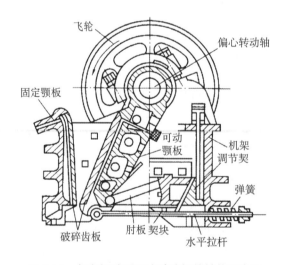

图 9.10　复杂摆动型颚式破碎机的结构示意图

图 9.11　复杂摆动型颚式破碎机实拍图

9.2.2　锤式破碎机

按转子数目不同，可将锤式破碎机（图 9.12）分为单转子锤式破碎机和双转子锤式破碎机。其中，根据转子的转动方向不同，又可将单转子锤式破碎机分为可逆式和不可逆式。

按破碎轴的安装方式不同，又可分为卧轴锤式破碎机和立轴锤式破碎机，常见的是卧轴锤式破碎机，即水平轴式破碎机。图 9.13 为不可逆式单转子卧轴锤式破碎机的结构示意图。

图 9.12　锤式破碎机实物图

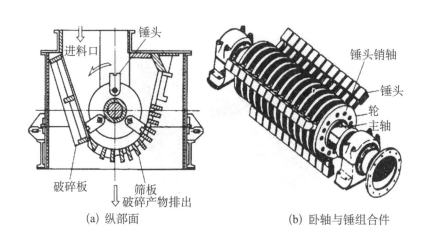

(a) 纵部面　　　　　　　(b) 卧轴与锤组合件

图 9.13　不可逆式单转子卧轴锤式破碎机的结构示意图

破碎固体废物的锤式破碎机有：BJD 型普通锤式破碎机（图 9.14）、BJD 型金属切屑锤式破碎机（图 9.15）、Hammer Mills 型锤式破碎机（图 9.16 和图 9.17）、双转子锤式破碎机（Movorotor）（图 9.18）。

BJD 型普通锤式破碎机主要用于破碎家具、电视机、电冰箱、洗衣机、厨房用品等大型废物，破碎块可达到 50mm 左右。该机设有旁路，不能破碎的废物由旁路排出。转子转速为 450～1500r/min，处理量为 7～55t/h。

BJD 型金属切屑锤式破碎机的锤头呈钩形，通过对金属切屑施加剪、切、拉、撕等作用而破碎。经该机破碎后，金属切屑的松散体积可减小 3～8 倍，便于运输。

Hammer Mills 型锤式破碎机的机体分成两部分：压缩机部分和锤碎机部分。大型固体废物先经压缩机压缩，再进入锤式破碎机，转子由大小两种锤子组成，大锤子磨损后，改作小锤用，锤子铰接悬挂在绕中心旋转的转子上作高速旋转。转子下方半周安装有算子筛板，筛板两端安装有固定反击板，主要起二次破碎和剪切作用。这种锤式破碎机通常用于破碎废汽车等粗大固体废物。

Movorotor 型双转子锤式破碎机具有两个旋转方向相同的转子，转子下方均装有研磨板。物料自右方给料口送入机腔内，经右方转子破碎后，颗粒排至左方破碎腔。再沿左方研磨板运动 3/4 圆周后，借风力排至上部的旋转式风力分级器后再排出机外。该机破碎比可达 30。

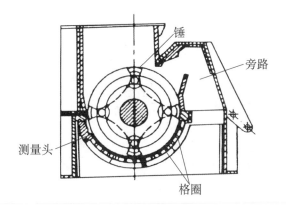

图 9.14　BJD 型普通锤式破碎机

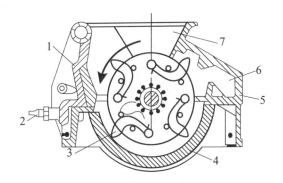

图 9.15　BJD 型金属切屑锤式破碎机

1. 衬板　2. 弹簧　3. 锤子　4. 筛条　5. 小门　6. 非破碎物收集区　7. 给料口

图 9.16　Hammer Mills 型锤式破碎机实物图

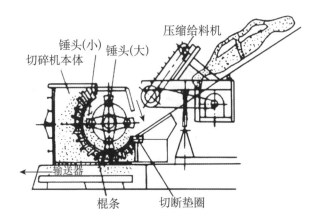

图 9.17　Hammer Mills 型锤式破碎机结构图

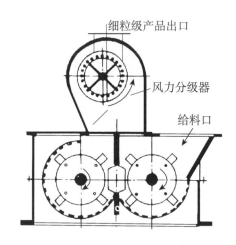

图 9.18　Movorotor 型双转子锤式破碎机

锤式破碎机适用于中等硬度且腐蚀性弱的固体废物，通常是含水分及油脂的有机物、纤维结构、弹性和韧性较强的木块、石棉水泥废料、回收石棉纤维和金属切屑等，如矿业废物、硬质塑料、干燥木质废物以及废弃的金属家用电器。锤式破碎机具有破碎颗粒较均匀的优点，但噪声大，安装时需采取防震、隔音措施。

9.2.3　冲击式破碎机

冲击式破碎机是利用冲击作用将固体废弃物破碎的旋转式设备，适用于破碎中等硬度、软质、脆性、韧性及纤维状等多种固体废物，主要有 Universa（普通）型（图 9.19）和 Hazemag（哈兹马克）型（图 9.20）。

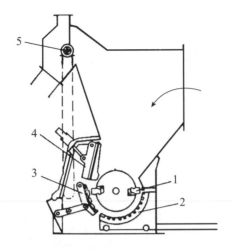

图 9.19　Universa（普通）型冲击式破碎机
1. 板锤　2. 筛条　3. 研磨板　4. 冲击板　5. 链幕

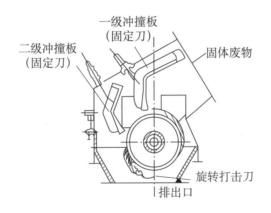

图 9.20　Hazemag（哈兹马克）型冲击式破碎机

　　冲击式破碎机具有适应性强、构造简单、外形尺寸小、操作方便、易于维护等特点。

9.2.4　剪切式破碎机

　　根据运动刀的运动方式，剪切式破碎机分为往复式与回转式两种。广泛使用的剪切式破碎机主要有丰罗（Vonroll）型（图 9.21）、林肯曼（Linclemann）型（图 9.22）和旋转剪切式（图 9.23）等。剪切式破碎机适用于处理松散状态的大型废物，剪切后的物料粒度可达 30mm，也适用于切碎强度较小的可燃性废物，特别适合破碎含有低二氧化硅的松散物料。

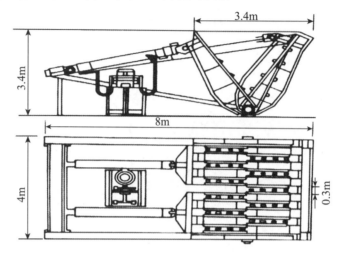

图 9.21　丰罗（Vonroll）型往复剪切式破碎机

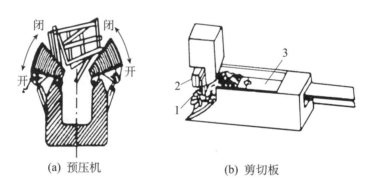

(a) 预压机　　　　　　　(b) 剪切板

图 9.22　林肯曼（Linclemann）型剪切式破碎机

1. 夯锤　2. 刀具　3. 推料杆

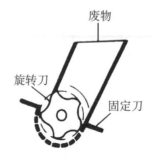

图 9.23　旋转剪切式破碎机

9.2.5　辊式破碎机

辊式破碎机又称对辊破碎机，主要靠剪切和挤压作用来破碎废物。根据辊上是否有齿，可将辊式破碎机分为光辊破碎机和齿辊破碎机。其中光辊破碎机适用于硬度较大的固体废物的中碎与细碎的废物，而齿辊破碎机可用于脆性或黏性较大的废物，也可用于堆肥物料的破碎（图 9.24）。根据齿辊的数目，齿辊破碎机可分为单齿辊和双齿辊。

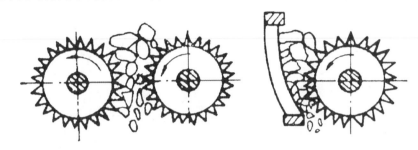

图 9.24　齿辊破碎机的工作原理示意图

9.2.6　粉磨机

粉磨机主要对废物进行精细粉碎，使其中的各种成分分离，便于后续的分选处理。常用的粉磨机主要有球磨机和自磨机两种。其中，球磨机由圆柱形简体、端盖、中控轴颈、轴承和传动大齿轮组成，其工作原理见图 9.25。自磨机又称无介质磨机，分干磨和湿磨两种。干式自磨机的给料粒度一般为 300～400mm，可一次将物料磨细到 0.1mm 以下，其粉碎比可达 3000～4000，比有介质自磨机高数十倍。

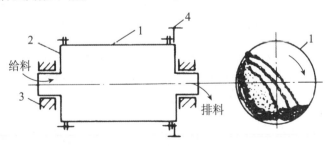

图 9.25　球磨机的工作原理示意图
1. 筒体　2. 端盖　3. 轴承　4. 大齿轮

9.3　分选

分选是将可回收的组分或不利于进行后续处理工艺的组分从固体废物中分离出来的过程。分选技术可分为人工分选和机械分选。人工分选是最早采用的分选方法，广泛应用于废物产生地、收集站、转运站、处理中心和处置场。

根据废物组成中各种物质的物理性质如粒度、密度、磁性、电性、光电性、摩擦性及弹性等方面的差异，可将机械分选方法分为筛选（分）、重力分选、光电分选、磁力分选、电力分选、摩擦分选和弹跳分选。

9.3.1　人工分选

人工分选是在分类收集的基础上，利用人工从废物中回收纸张、玻璃、塑料、橡胶等物品的过程。进行人工分选的前提条件是：废物不能有过大的质量、过大的含水量和过大的人体危害性。人工分选的位置集中在转运站或者处理中心的废物传送带两旁。一名熟练的分拣工人可在 1h 内捡出约 0.5t 的物料。

与机械分选相比，人工分选具有识别能力强、操作灵活的特点，可对一些无须进一步加工即能回用的物品进行直接回收，同时还可消除所有可能使得后续处理系统发生事故的废物。虽然人工分选的工作劳动强度大、卫生条件差，但目前尚无法完全被机械分选代替。

9.3.2　筛分

筛分是根据固体废物尺寸大小进行分选的一种方法，包括湿式筛分和干式筛分两种操作类型。筛分广泛应用于城市生活垃圾和工业废物的处理过程中。

筛分是利用筛子的筛孔将不同尺寸的物料截留或者透过筛面，完成粗、细粒物料分离的过程。该分离过程分为物料分层和细粒透筛两个阶段。筛分的常用设备为固定筛、滚筒筛、惯性振动筛及共振筛。

（1）固定筛：筛面由许多平行排列的筛条组成，呈水平状或倾斜状安装。通常分为格筛（装在粗破机之前）和棒条筛（装在粗破机和中破机之前）。格筛一般安装在粗破机之前，以保证入料的块度适宜。

（2）滚筒筛（转筒筛）：筛面是一种带孔的圆柱形筒体，轴线以倾斜 3°～5°来安装；截头是一种圆锥形筒体，轴线呈水平状安装，高端入料，低端排筛上物。物料在筒内滞留的时间为 25～30s，转速以 5～6r/min 为最佳。

（3）惯性振动筛：是由不平衡物体的旋转所产生的离心惯性力使筛箱产生振动的一种筛子。重块产生的水平分力被刚度大的板簧吸收，垂直分力强迫板簧做拉伸及压缩的强迫运动。筛面运动轨迹为椭圆形或近圆形。适用于细粒、潮湿及黏性废物的筛分。

（4）共振筛：是利用弹簧的曲柄连杆机构驱动，使筛子在共振状态下进行筛分的一种设备。工作原理是，离心轮转动，连杆做往复运动，通过其端的弹簧将作用力传给筛箱，与此同时，下机体受到相反的作用力，筛箱、弹簧及下机体组成弹簧系统，其固有的自振频率与传动装置的强迫振动频率相同或相近，从而发生共振以进行筛分。

9.3.3　重力分选

重力分选简称重选，是根据固体废物中不同物质颗粒间的密度差异，在运动介质中受到重力、介质动力和机械力的作用，使颗粒群产生松散分层和迁移分离，从而得到不同密度产品的分选过程。重力分选的介质有空气、水、重液及重悬浮液。相应的，按照介质的不同，重力分选可分为水力分选、风力分选和摇床分选等。通常将密度大于水的介质称为重介质。在重介质中使固体废物中的颗粒群按密度分开的方法称为重介质分选，即我们通常所说的重力分选，其工作流程见图 9.26。

重力分选需满足以下条件。

（1）固体废弃物颗粒间必须有密度上的差异。

（2）分选过程都是在运动介质中进行的。

（3）在重力、介质动力及机械力的综合作用下，使颗粒群分散并按密度分层。

（4）分好层的物料在运动介质流的推动下互相分离，获得不同密度的最终产品。

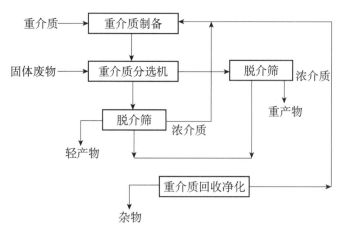

图 9.26　重力分选流程图

9.3.4　磁力分选

磁力分选分为传统磁选和磁流体分选两种类型。传统磁选主要应用于供料中磁性杂质的提纯、净化以及磁性物料的精选。磁流体分选可应用于城市垃圾焚烧厂焚烧灰以及堆肥厂产品中铝、铁、铜、锌等金属的提取与回收。

（1）磁选

磁选是利用固体废物各物质间的磁性差异在非均匀磁场中进行分选的一种方法，如图9.27所示。颗粒进入分选装置后，会受到磁场力、重力、流动阻力、摩擦力和静电力等的综合作用。若磁性颗粒受到的吸引力大于机械力，则该颗粒会移动至收集器上，从而被排出。若非磁性颗粒所受到的机械力占优势，则细粒仍留在废物中被排出。

图 9.27　磁选过程

（2）磁流体分选

磁流体分选是以磁流体作为分选介质，利用磁场或者磁场和电场的联合作用进行磁化，呈现出类似"加重"的作用，使固体废物中各组分由于磁性、导电性和密度的差异而相互分离的过程。磁流体分选过程见图 9.28。磁流体是指可在磁场和电场的联合作用下磁化，呈现出类似"加重"的现象，从而对颗粒产生磁浮力作用的稳定分散液。磁流体分选可分为磁流体动力分选和磁流体静力分选。

磁流体动力分选是在磁场和电场的联合作用下，以强电解质溶液为分选介质，使固体废物相互分离的过程。磁流体动力分选法的分离精度较低。

磁流体静力分选是在非均匀磁场中，以顺磁性液体或铁磁性胶体悬浮液为分选介质，对固体废物进行磁力分选的过程。其优点是介质黏度较小，分离精度较高，但也存在分选设备较复杂、回收困难、处理能力较小和介质价格高的缺点。

磁流体分选可以分离各种工业废物，也可从城市垃圾中回收铝、铜、锌、铅等金属。当分选要求精度较高时，宜采用静力分选；如果各组分间的电导率差异较大时，也可采用动力分选。

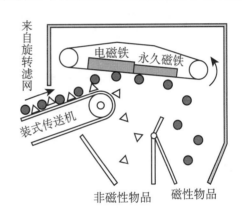

图 9.28　磁流体分选过程

9.4　电力分选

电力分选（电选）是利用固体废物中各种组分在高压电场中电导率、热点效应及带电的差异而将其分选的一种方法。按电场特征，电选可分为静电分选和复合电场分选。

在静电分选中，废物的带电方式为直接传导带电。使废物直接与传导电极接触，其中导电性好的废物在获得和电极极性相同的电荷时被排斥，而导电性差或非导电的废物与带电滚筒接触时被极化，在靠近滚筒一端产生相反的电荷时被滚筒吸引，从而实现不同电性废物的分离。静电分选可用于各种塑料、纤维纸、合成皮革、橡胶和胶卷等物质的分选，使塑料类的回收率达到99%以上，纸类的回收率基本可达100%。这种方法随着含水率的升高，回收率会增大。

复合电场分选的电场为电晕-静电复合电场，这种复合电场在目前被大多数电选机应用。电晕电场为不均匀电场，包括两个电极：电晕电极（带负电）和滚筒电极（带正电）。当导电性不同的物质进入电场后，都获得负电荷，导电性好的物质将负电荷迅速传给正极而不受正极作用影响，而导电性差的物质传递电荷的速度很慢，会受到正极的吸引作用，从而完成电选分离过程。电晕电选机中不同废物颗粒的分离过程见图9.29。

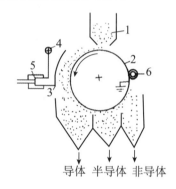

图9.29 电晕电选机中不同废物颗粒的分离过程
1.结料口 2.滚筒电极 3.电晕电极 4.偏向电极 5.高压绝缘子 6.电刷

10 固体废物的填埋处置工程

无论采用何种方式进行固体废物处理，不管是焚烧、堆肥还是其他资源化方式，固体废物总有不能被利用的部分，需要一个最终的归宿，即固体废物污染控制的末端环节，这被称为固体废物的处置。固体废物的处置方法分为海洋处置和陆地处置两大类。

海洋处置主要包括海洋倾倒与远洋焚烧。近年来，随着环境污染的加重，海洋处置已受到限制。陆地处置包括填埋、土地耕作、工程库或贮留地贮存以及深井灌注等，其中使用填埋场处置垃圾是一种最常见的方法。所谓填埋场，是处置废物的一种陆地处置设施，由若干个处置单元和构筑物组成，处置场有界限规定，主要包括废物预处理设施、废物填埋设施和渗滤液收集处理设施。

10.1 填埋工艺的分类

按照填埋状态分类，填埋工艺可分为厌氧填埋、好氧填埋和准好氧填埋。其中厌氧填埋是目前应用最多的一种工艺，而准好氧填埋是最有普及前景的一种工艺。

按照处置对象分类，填埋工艺可分为惰性填埋、卫生填埋和安全填埋。惰性填埋即将本质属稳定的废物（如玻璃、陶瓷、建筑废料等）置于填埋场，表面覆以土壤的处理方法。卫生填埋是将生活垃圾及一般废物填埋于不透水材质或低渗水性土壤内,并设有渗滤液、填埋气体收集或处理设施及地下水监测装置的处理方法。安全填埋指将危险废物填埋于抗压及双层不透水材质的构筑地,并设有阻止污染物外泄装置及地下水监测装置场所的处理方法。

按照填埋场址的地形分类,填埋场可分为平原型填埋场、滩涂型填埋场及山谷型填埋场。其中平原型填埋场适用于地形比较平坦且地下水埋藏较浅的地区,采用的是高层埋放垃圾的方式,见图 10.1;滩涂型填埋场适用于海边或江边滩涂地区,采用的是平面作业法,见图 10.2;山谷型填埋场适用于地处重丘山地的地区,采用的是斜坡作业法,见图 10.3。

图 10.1　高层埋放法

图 10.2　平面作业法

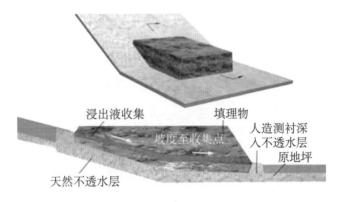

图 10.3　斜坡作业法

10.2　垃圾渗滤液的处理技术

10.2.1　渗滤液回灌处理技术

该技术可以加快垃圾的稳定化进程，减少渗滤液的场外处理量，降低渗滤液的污染物浓度，对水质水量有稳定化作用，利于废水处理系统的运行，具有比其他处理方案更节省费用的经济效益。缺点是不能完全消除渗滤液，仍有大部分渗滤液需外排处理，回灌后的渗滤液仍需进行处理后方能排放，特别是氨氮的浓度，远高于非循环渗滤液中的浓度。渗滤液回灌处理工艺流程见图 10.4。

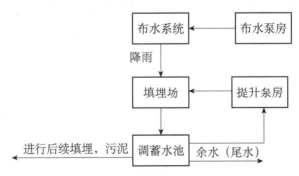

图 10.4　渗滤液回灌处理工艺流程图

10.2.2 渗滤液的处理方法比较（见表10.1）

表 10.1 渗滤液各种处理方法的比较

项目	生物法	物化法	回灌法
处理效果	由于渗滤液的水质、水量变化大，不稳定，需要进行预处理和后续处理	可适应渗滤液水质和水量变化的特点，对BOD$_5$/COD较低而难以进行生物处理的垃圾渗滤液有较好的处理效果	能适应水质、水量的变化，可达到对渗滤液的净化和减量化效果，可在后续处理中结合生化处理工艺一起使用
技术水平	技术应用范围较广泛且成熟	有些新技术尚处于理论探索阶段，还不成熟，更多的是用于预处理和深度处理	其技术和工艺在国内尚处于研究探索阶段
成 本	经济性好	费用昂贵，其投资及运行费用比生物法要多5～20倍或3～10倍	投资少，运行费用低

10.2.3 填埋场终场覆盖

一般封闭性垃圾填埋场在封场后30～50年才能完全稳定，达到无害化的效果。黏土覆盖系统见图10.5，人工材料覆盖系统见图10.6。

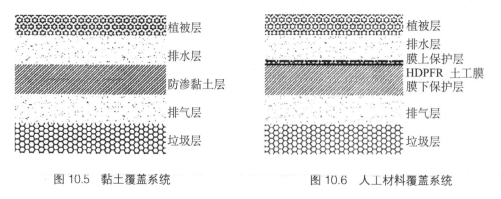

图 10.5 黏土覆盖系统　　　　　图 10.6 人工材料覆盖系统

10.3 生活垃圾的卫生填埋处置

卫生填埋是利用工程技术的手段，将需要处置的固体废物如居民生活垃圾、商业垃圾等在密封型屏障隔离的条件下进行土地填埋的一种方式，使其对人体健康和生态环境不会产生明显的危害。

10.3.1 卫生填埋工艺

卫生填埋工艺的流程如图 10.7 所示。图 10.8 为垃圾填埋厂的现场操作情况。

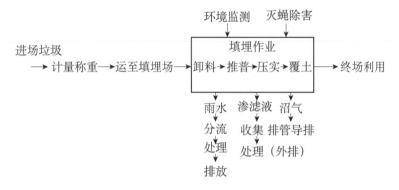

图 10.7 卫生填埋工艺流程图

图 10.8 垃圾填埋厂

1. 定点卸料

将垃圾在指定的作业点卸下,会使后续的填埋作业更加有序。采用填坑作业法卸料时,往往会设置过渡平台和卸料平台。采用倾斜面作业法时,则可直接卸料。由于推铺和压实从底部开始的话比较容易一些,而且效率也较高,故应将作业区放在作业面的顶端。若倾倒从上部开始,应避免轻质废物被风刮走,且避免废物被堆成一个陡峭的作业面,以免影响当天的压实效果。此外,还应尽量缩小作业面,保持作业区的清洁、平整,防止车辆损坏或倾翻。

2. 均匀推铺

将垃圾卸车后应用推土机推铺开,先将废物按顺序铺在作业区的一定范围内,推铺厚度达到 $30\sim60cm$ 时,再用压实机碾压。分层压实到一定的高度后在上面覆盖黏土和聚乙烯膜材料,每层覆盖的自然土或黏土厚度为 $15\sim30m$。不断重复卸料、推铺、压实和覆盖的过程,当该范围内的填埋废物高度达到 $2.5\sim4.5m$ 时,即构成一个填埋单元。每日一层作业单元。通常四层厚度组成一个大单元。垃圾的压实密度应大于 $0.8t/m^3$。

填埋时一般从右向左推进,然后从前向后推进。左、中、右之间的连线呈圆弧形,可使覆盖表面的排水畅通地流向两侧,进入排水沟或边沟等,从而减少雨水渗入填埋场垃圾内的概率。当单元厚度达到设计好的厚度后,可进行临时封场,在其上面覆盖 $45\sim50cm$ 厚的黏土并均匀压实,然后覆盖大约 $15cm$ 厚的营养土,种植浅根植物。最终封场的覆土厚度应大于 $1m$。

3. 有效压实

压实是填埋作业中的一道重要工序。其主要功能是减小废物的体积,延长填埋场的使用年限;增加填埋体的稳定性,减少填埋场的不均匀沉降;降低废物的空隙率,减少填埋场渗滤液的产生。此外,填埋废物的压实还能减少蝇蚊的滋生,并且有利于填埋机械的移动作业等。

4. 限时覆土

目的在于避免废物与环境长时间接触,最大限度地减少环境问题的产生。

按覆土时间和具体功能的不同，覆土可分为每日覆盖（土）、中间覆盖（土）和最终覆盖（土）。

每日覆盖是指作业面在一天工作结束、填埋层达到一定厚度时，为如下目的而实施的覆盖土：防止风沙和废物中轻质物质（如纸、塑料等）的飞扬；减少恶臭散溢；防止蝇蚊滋生，减少疾病传播的风险。每日覆盖应确保填埋层的稳定并且不阻碍废物的生物分解，因而要求覆盖材料具有良好的通气功能。一般选用砂质土等材料进行日覆盖，覆盖厚度一般为 15～30cm。

中间覆盖常用于需要较长时间维持开放的填埋场部分区域（如道路和暂时闲置的填埋部分）。其作用是：防止填埋气体的无序排放；将降落在该层表面的雨水排出填埋场外，减少降雨入渗量。中间覆盖要求覆盖材料的渗透性能较差。一般选用黏土等材料进行中间覆盖，覆盖厚度为 30cm 左右。

终场覆盖是废物填埋场运行结束后，在最上层实施的覆盖土。其功能包括：削减渗滤液的产生量；控制填埋场气体从填埋场上部的无序释放；避免废物的扩散，抑制病原菌的繁殖；提供一个可供景观美化和填埋土地再用的表面等。

进行垃圾填埋时，需要先将填埋场分区、分单元，然后再进行分层作业。垃圾填埋场的分层结构包括垃圾层、覆盖土层和终场覆盖层。覆盖土层又有日覆盖层和中间覆盖层。日覆盖层的用土量最多。通常填埋场的覆土量约占填埋总容积的 10%～25%，所以在考虑填埋总容积时不能忽略覆土所占的体积。

10.3.2　防渗与渗滤液的处理

（1）渗滤液的来源

废物渗滤液是指废物在填埋或堆放过程中因其有机物分解而产生的水或废物中的游离水、降水、径流及地下水入渗而淋滤废物形成的成分复杂的高浓度有机废水。

直接降水：包括降雪和降雨，这是渗滤液产生的主要来源。降雨的特性有降雨量、降雨强度、降雨频率、降雨持续时间等。降雪的特性主要有降雪量、升华量、融雪量等，还会受积雪时期或溶雪速度的影响。一般而言，降雪量的十分之一相当于等量的降雨量，其确切数字可根据当地的气象资料来确定。

地表径流：指来自场地表面上坡方向的径流水，对渗滤液的产生量也有较大的影响。地表径流量取决于填埋场地周围的地势、覆土材料的种类及渗透性能、场地的植被情况及排水设施的完善程度等。

地表灌溉：与地面的种植情况和土壤类型有关。

地下水渗入：填埋场地的底部在地下水位以下，地下水可能会渗入填埋场内，渗滤液的数量和性质与地下水同垃圾的接触情况、接触时间及流动方向有关。采取防渗措施，可以避免或减少地下水的渗入。

废物中的水分：包括固体废物本身携带的水分以及从大气和雨水中吸附的水分（当储水池密封不好时）。入场废物携带的水分有时是渗滤液的主要来源之一。

覆盖材料中的水分：随覆盖层材料进入填埋场中的水量与覆盖层物质的类型、来源以及季节有关。覆盖层物质的最大含水量可以用田间持水量（FC，field capacity）来定义，即在克服重力作用之后能在介质孔隙中保持的水量。

有机物分解生成水：垃圾中的有机组分在填埋场内经氧化分解会产生水分，其产生量与垃圾的组成、pH 值、温度和菌种等因素有关。

（2）渗滤液的性质

1）水质复杂，危害性大

2）有机污染物浓度高

在渗滤液中，CODcr 的含量最高可达 90000mg/L，BOD_5 的含量最高可达 38000mg/L。开始的 3～5 年，BOD/COD 的含量可达 0.3 以上，随着时间的推移，比值会下降，最后可能小于 0.1，使可生化性降低。

3）氨氮含量较高

氨氮的浓度随填埋时间的增加而升高，在中晚期卫生填埋场中，渗滤液中的氨氮浓度一般比较高，有时可达 1000～2000mg/L。

4）磷含量普遍偏低，尤其是溶解性的磷酸盐含量更低

5）金属离子含量较高

渗滤液中含有汞、铬、镉、铅等多种物质，铁的含量达 2000mg/L 左右，锌的含量达 130mg/L 左右，铅的含量达 12.3mg/L，钙的含量达 4300mg/L。其含量与所填埋的废物组分及填埋时间密切相关。

6）溶解性固体含量较高

在填埋初期（0.5～2.5 年），溶解性固体含量呈上升趋势，直至达到峰值，然后随填埋时间的增加而逐年下降，直至最终稳定。

7）色度高，以淡茶色、暗褐色或黑色为主，具有较浓的腐败臭味

8）水质变化大

在不同地区、同一卫生填埋场的不同时段，渗滤液的水质均有很大变化，水量波动也比较大。根据填埋场的年龄，垃圾的渗滤液可分为两类：一类是填埋时间在 5 年以下的年轻渗滤液，其特点是 COD_{cr}、BOD_5 浓度高，可生化性强；另一类是填埋时间在 5 年以上的年老渗滤液，由于新鲜垃圾逐渐变为陈腐垃圾，其 pH 值接近中性，COD_{cr} 和 BOD_5 的浓度有所降低，BOD_5/COD_{cr} 的比值减小，氨氮的浓度增加。

9）渗滤液中的微生物营养元素比例失调，主要是 C、N、P 的比例失调。一般的垃圾渗滤液中的 BOD_5：P 大都大于 300。

（3）控制渗滤液产量的主要措施

1）选择合理的场址

合理条件为集雨面积较小、库容大、地下水位较低的场所，可综合考虑运距、周围环境、地形地质、交通、覆土来源等因素。

2）设置必要的截洪沟

3）填埋场底部需要进行防渗处理

这样做，一方面可以防止渗滤液污染地下水；另一方面能防止地下水侵入填埋场，造成渗滤液水量大幅度上升。

4）规范化的填埋作业

山沟式填埋场宜采用斜坡作业法，填埋单元按 1～2d 的垃圾量划分（冬

季可扩大至 5～7d），布置成矩形网格，每单元堆高约 2～3m，经压实后覆土，覆土层一般为 0.2～0.3m，覆土来源宜就近，由推土机整平碾压。作业面应布置成斜坡，每升高 2～5m 设置一个平台，两阶平台间堆成斜坡，平台上设置排水沟，以排出表面径流。

（4）垃圾填埋场的防渗系统

垃圾填埋场的工程设计主要分为生产管理区、卫生填埋区及渗滤液处理区三部分。

卫生填埋区主要包括：填埋库区的土方清基工程、地下水导排系统、防渗系统、渗滤液收集导排系统、填埋气体导排系统、封场覆盖系统、垃圾坝、截洪沟、卸料平台、库区道路、环境监测设施等。

垃圾填埋场的防渗设计方式按场地水文地质类型可分为天然防渗、人工防渗和复合防渗三种方式。人工防渗根据防渗设施设置方向的不同，分为水平防渗和垂直防渗。水平防渗指防渗层向水平方向铺设，防止渗滤液向周围及垂直方向渗透而污染土壤和地下水，具有适用范围广、防渗效果好等特点。垂直防渗指防渗层呈竖向布置，防止废物渗滤液横向渗透迁移而污染周围的土壤和地下水。因垂直防渗的单独应用能力相对有限，通常作为辅助防渗措施来运用。

（5）渗滤液的收集

渗滤液若没有及时得到收集，将导致填埋场内的水位升高，固体废弃物长时间淹没在水中，其中有害物质浸润出来，会使渗滤液中的污染物浓度增大，从而增加了渗滤液净化处理的难度，还会影响填埋场的稳定性，使得底部衬垫上的静水压增加，导致渗滤液更多地泄露到地下水和土壤系统中，甚至会扩散到填埋场外。

渗滤液收集系统主要由汇流系统和输送系统两部分组成。渗滤液收集系统的主要功能是：将填埋库区内产生的渗滤液收集起来，并通过调节池输送至渗滤液处理系统中进行处理，同时向填埋堆体供给空气，以利于固体废弃物的稳定化。典型的卫生填埋场渗滤液收集系统由排水层、收集沟和多孔收集管、集水池和提升系统等几部分组成。常见渗滤液池见图 10.9。

图 10.9　渗滤液池

（6）渗滤液的处理

根据《生活垃圾填埋场渗滤液处理工程技术规范》（HJ564-2010），渗滤液的处理工艺可分为预处理、生物处理和深度处理三种。由于渗滤液的难处理性，单一的处理工艺难以达到理想效果，因此，进行渗滤液处理时一般采用组合工艺，比如预处理＋生物处理＋深度处理组合工艺，预处理＋深度处理组合工艺，生物处理＋深度处理组合工艺。

预处理工艺大多采用物理法和化学法，主要用于去除渗滤液中的 COD、氨氮、重金属、悬浮物（SS，suspended solids）以及色度、浊度等，例如吹脱、混凝沉淀、吸附、高级氧化法（如 Fenton 法、光催化氧化法）等。

生物处理工艺可采用好氧生物处理法和厌氧生物处理法来进行，主要用于去除 COD、氨氮和磷。好氧生物处理包括活性污泥法和生物膜法。厌氧生物处理法主要有普通厌氧消化、两相厌氧消化、厌氧滤池、上流式厌氧污泥床、厌氧折流板反应器等。

深度处理工艺可采用膜分离的方式来进行，也可采用自然处理的方式来进行，如稳定塘和人工湿地，主要用于去除渗滤液中的悬浮物、溶解物和胶体等。

11 固体废物的生物处理

从固体废物中回收资源和能源，并减少最终处置的废物量，从而减轻其对环境的负荷量，已成为当今世界共同关注的课题。生物处理技术适应了这一时代的需求，几乎所有生物处理过程中均伴随着能源和物质的再生与回用。

有机质是固体废物中的主要污染物之一，特别是在城市生活垃圾中。固体废物的生物处理，是指直接或间接利用生物体的功能，对固体废物的某些组成成分进行转化，以降低或消除污染物产生的方法，或者能够高效净化环境污染，同时又生产有用物质的工程技术。采用生物处理技术，利用微生物（细菌、放线菌、真菌）、动物（蚯蚓等）或植物的新陈代谢作用，可将固体废物转换成有用的物质和能源。

固体废物的生物处理方法有很多种，如堆肥化、厌氧消化、纤维素水解、垃圾养殖蚯蚓等。其中，堆肥化作为大规模处理固体废物的常用方法而得到了广泛的应用，并已经拥有较为成熟的经验。厌氧消化也是一种古老的生物处理技术，早期主要用于粪便和污泥的稳定化处理，近年来随着对固体废物资源化的重视，这种技术在城市生活垃圾的处理方面也得到了开发和应用。其他生物技术（如生物浸出和蚯蚓养殖）在回收有用物质方面，也有较多研究。

11.1 堆肥化

堆肥化（composting）就是依靠自然界广泛分布的细菌、放线菌、真菌等微生物，以及由人工培养的工程菌等，在一定的人工条件下，有控制地促进可被生物降解的有机物向稳定的腐殖质转化的生物化学过程，其实质就是一种生物代谢过程。堆肥化的产物叫堆肥（compost），其堆肥化过程见图 11.1。

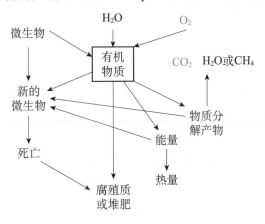

图 11.1　堆肥化过程图

1. 堆肥化工艺的分类

堆肥化工艺可分为好氧堆肥、厌氧堆肥及兼氧堆肥。好氧堆肥占地少，堆制周期短（一次发酵约 7~14d，二次发酵约 30d），卫生条件较好，能杀死有害病菌和植物种子，规模大，投资大，运行费用高。厌氧堆肥的堆制时间长（6 个月左右），温度低，无法将有害病菌和植物种子全部杀死，分解时会产生浓烈的臭味，堆肥规模小，操作简单，分解过程中有机碳及氮素保留较多。兼氧堆肥的堆制时间较长（约 2 个月），占地大，臭味大，投资少，运行费用低。

2. 可用于堆肥的废物种类（见表 11.1）

表 11.1　可用于堆肥的废物种类及来源

废物种类	主要来源	备注
城市废物	污水处理中的污泥和城市有机生活垃圾	重金属和虫卵病菌
工业废物	纤维素类废物、高浓度有机废水、发酵工业残渣（菌体及废原料）	

续表

废物种类	主要来源	备注
畜牧业废物	畜禽粪便	恶臭和病菌
林农业废物	植物秸秆，如稻麦等的秸秆、壳、蔗渣、棉杆、向日葵壳、玉米芯、油茶壳、花生壳等	
水产废物	海藻、鱼、虾、蟹类的加工废物	

3. 可用于堆肥的废物种类的组成成分（见表 11.2）

表 11.2　可用于堆肥的废物组成成分及质量分数

组成成分	质量分数（干重）/%	
	植物	动物粪肥
可溶于冷/热水的糖、淀粉、氨基酸、尿素、铵盐、脂肪酸	5~30	2~20
可溶于脂/乙醇的脂、油、腊及树脂	5~15	1~3
蛋白质	5~40	5~30
半纤维素	10~30	15~25
纤维素	15~60	15~30
木质素	5~30	10~25
灰分	1~13	5~20

11.1.1　好氧堆肥

（1）基本原理

好氧堆肥是在有氧的条件下，借好氧微生物（主要是好氧菌）的作用来进行的一种工艺。在堆肥过程中，生活垃圾中的溶解性有机物质透过微生物的细胞壁和细胞膜而被微生物所吸收，固体的和胶体的有机物先附在微生物体外，由生物所分泌的胞外酶分解为溶解性物质，再渗入细胞。微生物通过自身的生命活动——氧化、还原、合成等过程，把一部分被吸收的有机物氧化成简单的无机物，并放出生物生长活动所需要的能量，把一部分有机物转化为生物体所必需的营养物质，合成新的细胞物质，于是微生物逐渐生长繁殖，产生更多的生物体。有机物的好氧堆肥分解过程见图 11.2。

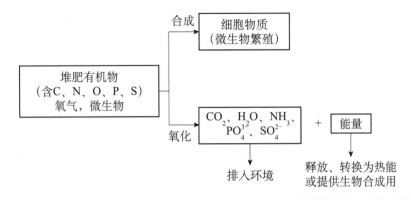

图 11.2　有机物的好氧堆肥分解过程

（2）好氧堆肥的过程

1）升温阶段

在此阶段，堆层温度为 15～45℃，嗜温菌活跃，可溶性糖类、淀粉等消耗迅速，温度不断升高，主要是以细菌、真菌、放线菌为主。

2）高温阶段

当堆肥温度上升到 45℃以上时，即进入堆肥过程的第二阶段——高温阶段。堆层温度升至 45℃以上，不到一周可达 65～70℃，随后又逐渐降低。温度上升到 60℃时，真菌几乎完全停止活动。温度上升到 70℃以上时，对大多数嗜热性微生物已不适宜，微生物大量死亡或进入休眠状态，除一些孢子外，所有的病原微生物都会在几小时内死亡，其他种子也会被破坏。其中：50℃左右时，嗜热性真菌、放线菌活跃；60℃左右时，嗜热性放线菌和细菌活跃；大于 70℃时，微生物大量死亡或进入休眠状态。

3）降温阶段

在此阶段，中温微生物又开始活跃起来，重新成为优势菌，对残余较难分解的有机物作进一步分解，腐殖质不断增多，且趋于稳定化。当温度下降并稳定在 40℃左右时，堆肥基本达到稳定。

4）腐熟阶段

堆肥进入腐熟阶段，降温后，需氧量大大减少，含水量也降低，物料间隙率增大，氧扩散能力强，此时只需自然通风即可。

（3）好氧堆肥的工艺流程

1）前处理

以家畜粪便、污泥等为堆肥原料时，前处理的主要任务是调整水分和碳氮比，或者添加菌种和酶制剂。

以城市垃圾为堆肥原料时，因垃圾中含有粗大物件和不能堆肥的物质，故前处理包括破碎、分选、筛分等工序，这样可使堆料表面积增大，便于微生物繁殖，从而提高发酵速度。堆料适宜的粒径范围是 12～60mm。

2）主发酵

主发酵可在露天或发酵装置内进行，通过翻堆或强制通风向堆积层或发酵装置内的物料供给氧气。

发酵初期，物质的分解是靠嗜温菌（30～40℃为其最适宜生长的温度）进行的，由于堆温上升，最适宜在温度为 45～65℃下生存的嗜热菌会取代嗜温菌，堆温进入高温阶段。通常，在严格控制通风量的情况下，将堆温升高至开始降低为止的阶段作为主发酵阶段。对以生活垃圾为主体的城市垃圾和家畜粪便的好氧堆肥而言，其主发酵期为 4～12d。

3）后发酵

经过主发酵的半成品被送往后发酵工序后，会将此前尚未分解的易分解和较难分解的有机物进一步分解，使之变成比较稳定的腐殖质类有机物，从而得到完全成熟的堆肥制品。在该工序中，通常会将物料堆积到 1～2m 后再进行发酵，一般进行自然通风，有时需加以翻堆或作必要的通风处理。后发酵时间一般为 20～30d。

堆肥腐熟度就是在堆肥中的有机质经过矿化、腐殖化过程，最后达到稳定的程度。评估成熟堆肥的方法见表 11.3。

4）后处理

此阶段会分选去除预分选未去除的塑料、玻璃、陶瓷、金属、小石块等，若生产精堆肥，应进行再破碎，若生产复合肥，需加入 N、P、K。

表 11.3　评估成熟堆肥的方法

方法名称	参数、指标或项目
表观鉴定法	1 颜色和气味；2 温度；3 密度
化学方法	1 碳氮比 2 氮化合物（总氮、氨氮、硝酸盐氮、亚硝酸盐氮） 3 有机化合物（水溶性或可浸提有机碳、还原糖、脂类等化合物、纤维素、半纤维素、淀粉等） 4 腐殖质（腐殖质指数、腐殖质总量和功能基团）
生物活性法	1 呼吸作用（耗氧速率、CO_2释放速率） 2 微生物种群和数量 3 酶学指标
植物毒性分析法	1 发芽实验 2 植物生长实验
卫生学检测法	致病微生物指标

5）贮存

由于施用堆肥有一定的季节性，故需适当的库存容量将富余堆肥产品贮存起来。一般以能贮存 6 个月的堆肥生产量为宜。

典型的垃圾堆肥厂工艺流程见图 11.3。

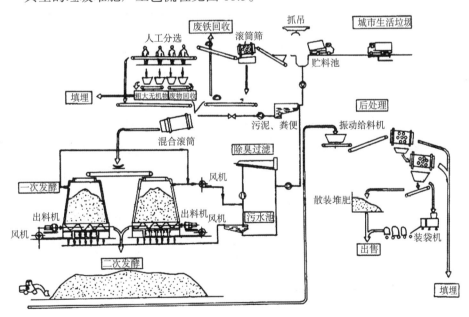

图 11.3　垃圾堆肥厂工艺流程图

11.2 固体废物的厌氧消化处理

11.2.1 厌氧消化的概念

厌氧消化是在厌氧条件下通过利用微生物群落或游离酶对有机固体废物中的生物质进行分解降解作用，使其中的易腐生物质部分得以降解，并消除生物活性，转化为无腐败性的残渣的过程。

厌氧消化具有以下特点。

（1）厌氧消化具有过程可控制、降解快、生产过程全封闭的特点。

（2）能源化效果好，可以将潜伏于废弃有机物中的低品位生物能转化为可以直接利用的高品位沼气。

（3）易操作，与好氧处理相比，厌氧消化不需要通风动力，设施简单，运行成本低，属于节能型的处理方法。

（4）产物可再利用，适于处理高浓度有机废物，经厌氧消化后的废物基本可以达到稳定状态，可以作农肥、饲料或堆肥化的原料。

（5）厌氧微生物的生长速度慢，常规方法的处理效率低，设备体积大。

（6）厌氧消化过程中会产生恶臭气体。

11.2.2 厌氧消化的生化过程

固体废物有机物的厌氧消化过程包括水解阶段、产氢产乙酸阶段和产甲烷阶段（三段理论）。厌氧消化过程见图 11.4。

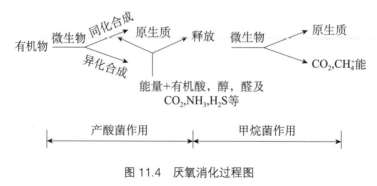

图 11.4 厌氧消化过程图

11.2.3　厌氧消化的影响因素

（1）温度

在环境条件中，温度的影响较为明显。根据温度的不同，可把发酵过程分为中温发酵（30～36℃）和高温发酵（50～53℃）。在中温发酵条件下，有机负荷为 2.5～3.0kg/（$m^3 \cdot d$），甲烷产气量为 1～1.3 m^3/（$m^3 \cdot d$）；在高温发酵条件下，有机负荷为 6.0～7.0kg/（$m^3 \cdot d$），甲烷产气量为 3.0～4.0 m^3/（$m^3 \cdot d$）。高温发酵对杀灭病原微生物的效果较佳。

（2）营养

厌氧微生物除要求一定比例的 C、N、P 基质外，还对铁、镍、钴等微量元素有一定要求。垃圾中一般都具有厌氧降解反应所需的营养元素。

合成细胞的 C：N 约为 5：1，由于尚需要作为能源的碳，故要求 C：N 达到 10:1～20:1 为宜。若 C：N 太高，细胞的氮量不足，系统的缓冲能力低，pH 值容易降低；若 C：N 太低，细胞的氮量过多，pH 值可能上升，氮盐容易积累，会抑制发酵进程。

（3）有毒物质

对厌氧消化具有抑制作用的物质及其浓度见表 11.4，金属离子的促进作用和抑制作用的浓度范围见表 11.5。

表 11.4　对厌氧消化具有抑制作用的物质

抑制物质	抑制浓度/（mg/L）	抑制物质	抑制浓度/（mg/L）
VFA	＞2000	SO_4^{2-}	5000
氨氮	1500～3000	Na	3 500～5 500
ABS（烷基苯磺酸盐）	50	Cu	5
五氯苯酚	10	Cd	150
溶解性硫化物	1000	Fe	1710
Ca	2500～4500	Cr^{3+}	3
Mg	1000～1500	Cr^{6+}	500
K	2500～4500	Ni	2

表 11.5　金属离子的促进作用和抑制作用的浓度范围

金属离子	浓度/（mg/L）			金属离子	浓度/（mg/L）		
	促进作用	中等抑制	强抑制		促进作用	中等抑制	强抑制
钠	100～200	3 500～5 500	8 000	钙	100～200	2 500～4 500	8 000
钾	200～400	2 500～4 500	12 000	镁	75～150	1 000～1 500	3 000

（4）酸碱度

水解、发酵菌及产氢产乙酸菌对 pH 值的适应范围大致为 5～6.5，而甲烷菌对 pH 值的适应范围为 6.6～7.5。为有效地防止系统 pH 值的下降，应保持一定的碱度。在运行良好的发酵系统中，应保持碱度在 2000mg/L 以上。碱度过低时，可通过投加石灰或含氮物料来进行调节。

（5）Eh

一般来讲，厌氧微生物只能在 Eh 值为 100 mV 以下甚至负值时才能生长。产甲烷菌的生长和产甲烷的适宜氧化还原电位（Eh）是 -330 mV 以下。

（6）搅拌（混合）

搅拌是促进厌氧发酵不可缺少的因素，有效的搅拌可以增加物料与微生物接触的机会；使系统内的物料和温度均匀分布；防止局部出现酸积累；使由生物反应生成的硫化氢、甲烷等对厌氧菌活动有阻碍的气体迅速排出；使产生的浮渣被充分破碎。

对于流体或半流体的基质，可采取泵循环、机械搅拌、气体搅拌等三种搅拌方式来进行。

（7）水分

水分不仅是固体垃圾被微生物水解、酸化所必需的反应物，还是微生物生长繁衍和保持活性所必需的条件，适宜的含水率是促进填埋垃圾快速稳定的最基本条件。在含水率相同时，存在水分运移垃圾的降解速率高于没有水分运移垃圾的降解速率。

通过注水、回灌渗滤液强化的传质作用能加速固体有机垃圾水解酸化产物的溶出与稀释、加速抑制性降解产物的稀释和释出、加速营养物质、微生物和基质的均匀分布和顺利接触。

11.2.3　厌氧消化的工艺

（1）湿式厌氧消化的工艺（见图 11.5）

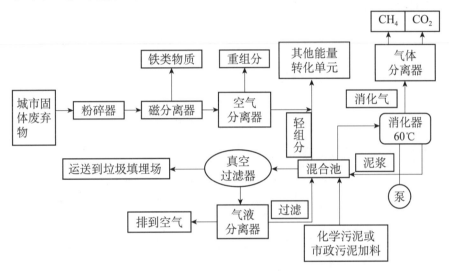

图 11.5　湿式厌氧消化工艺流程图

（2）干式厌氧消化工艺

与湿式厌氧消化工艺基本相同，只是在处理固体废弃物的脱水和处置时，工作量相对较多。由于固体浓度更高，氨浓度等环境参数的影响较大。

难点：需要让生物反应在高固体含量条件下进行；输送、搅拌也存在一些问题；需要让进料和接种物充分混合，防止反应器局部有机负荷超高以及消化物质的酸化。

优点：反应器单位体积的需水量低，产气量高。

缺点：缺少运行经验。

（3）两相"湿-湿"厌氧消化工艺（见图 11.6）

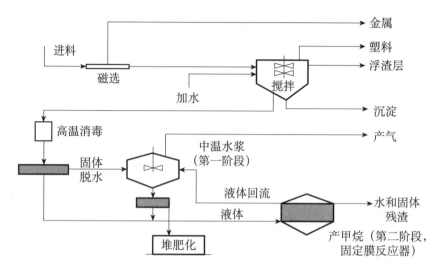

图 11.6 两相"湿－湿"厌氧消化系统

（4）不同批处理工艺渗滤液的循环方式（见图 11.7）

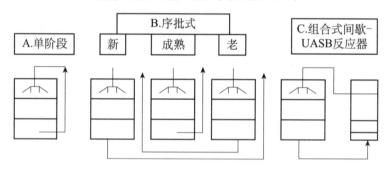

图 11.7 不同批处理工艺渗滤液的循环方式

（5）其他厌氧消化工艺

间隙处理厌氧堆肥工艺（Sebac or Leach-Bed Process）（美国）：第一级（启动期）的破碎垃圾用第三级（稳定期）的渗滤液接种，第一级产生的挥发酸浓度高的渗滤液进入第二级（产甲烷期）转化为甲烷。

干式厌氧消化/好氧堆肥工艺（美国）：一级为干式厌氧消化（固体含量为25%～31%），把垃圾中的大部分有机成分转化成甲烷。二级为厌氧消化后剩余固体的好氧堆肥，可产生良好的腐殖质类物质，能作为肥料和土壤改良剂。

半固体厌氧消化/好氧堆肥工艺（意大利）：一级为半干法消化（固体含

量为 15%～22%），会产生甲烷；二级为将厌氧消化固体和垃圾中可生物降解的部分一起进行好氧堆肥，以产生腐殖质类物质。

典型的现代化大型沼气发酵装设系统工艺流程见图 11.8。

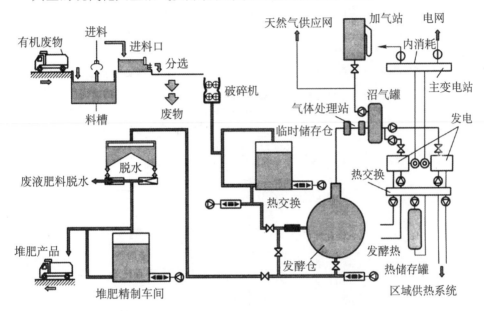

图 11.8　典型的现代化大型沼气发酵装设系统工艺流程图

11.2.4　厌氧消化装置

化粪池见图 11.9，水压式发酵产沼装置结构和工作原理见图 11.10，浮罩式发酵产沼装置工作原理见图 11.11，长方形发酵产沼池整体结构透视图见图 11.12，印度 KVIC 型发酵产沼装置见图 11.13。

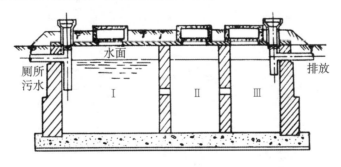

图 11.9　化粪池

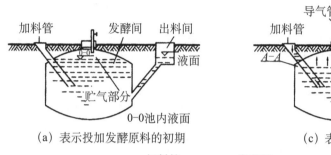

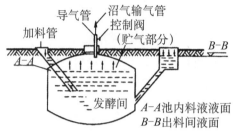

（a）表示投加发酵原料的初期　　　　　（c）表示使用沼气时的状态

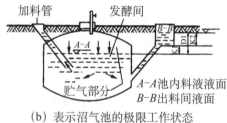

（b）表示沼气池的极限工作状态

图 11.10　水压式发酵产沼装置结构和工作原理示意图

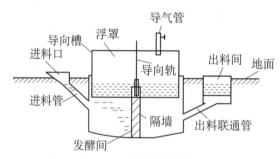

（a）顶浮罩式

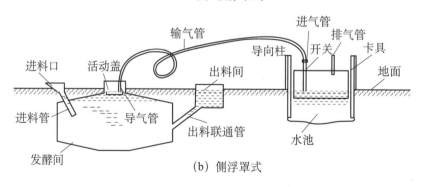

（b）侧浮罩式

图 11.11　浮罩式发酵产沼装置工作原理示意图

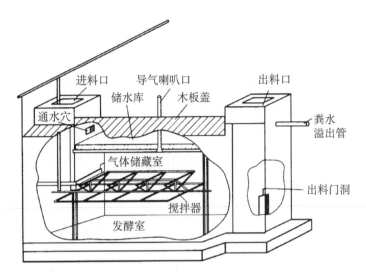

图 11.12　长方形发酵产沼池整体结构透视图

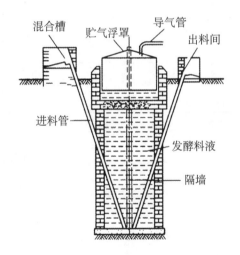

图 11.13　印度 KVIC 型发酵产沼装置示意图

11.3　生活垃圾的蚯蚓处理技术

11.3.1　蚯蚓在垃圾处理中的作用

在垃圾的生物发酵处理中，蚯蚓的引入可以起到以下几个方面的作用：蚯蚓对垃圾中的有机物质有选择作用；通过沙囊和消化道，蚯蚓具有研磨和破碎有机物质的功能；垃圾中的有机物通过蚯蚓的消化道的作用后，以颗粒状形式排出体外，有利于垃圾与其他物质的分离；蚯蚓的活动可改善垃圾中的水气循环，同时也使得垃圾和其中的微生物得以运动；蚯蚓自身通过同化和代谢作用使得垃圾中的有机物质逐步降解，并释放出可为植物所利用的 N、P、K 等营养元素；可以非常方便地对整个垃圾处理过程及其产品进行毒理的监察。

11.3.2　工艺流程

生活垃圾的蚯蚓处理技术是指将生活垃圾经过分选，除去垃圾中的金属、玻璃、塑料、橡胶等物质后，经初步破碎、喷湿、堆沤、发酵等处理，再经过蚯蚓吞食加工制成有机复合肥料的过程。蚯蚓处理生活垃圾的工艺流程如图 11.14 所示。

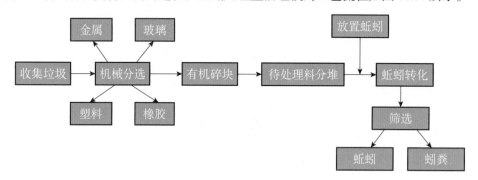

图 11.14　蚯蚓处理生活垃圾的工艺流程图

11.3.3　物料配比

城市生活垃圾的特点是有机物含量相当高，最高可超过 80%，最低为 30% 左右。由于蚯蚓是以垃圾中腐烂的有机物质为食，垃圾中有机物质含量的多少直接关系到蚯蚓的生长繁殖是否正常。许多实验研究表明，当城市生活垃圾中的有机成分比例小于 40% 时，就会影响蚯蚓的正常生存和繁殖。因此，为了保证蚯蚓的正常生存和快速繁殖，用于蚯蚓处理的城市生活垃圾中的有机成分的含量需大于 40%。

12　固体废物的热解处理工程

　　有机固体废物具有热不稳定性，热解法正是利用这一特点使有机固体废物在无氧或缺氧的条件下受热分解。因其温度较焚烧法低很多，所以可以从有机固体废物的分解产物中直接回收燃料油和燃料气等。

　　热解法主要适用于处理有机废渣、油泥、有机污泥等有机物，虽然对设备要求较高，但热解可以产生无菌废渣，且热解后的气体能与煤气混合使用；热解原料可以是固态废物、液态废物、油或含塑料垃圾等；热解工艺不易发生机械故障，与焚烧技术相比，具有处理范围更广、针对性更强、更环保以及可以得到更具有价值的副产品等优点。

　　对固体废物热解技术的研究开始于 20 世纪 60 年代，欧美发达国家在积极地进行研究，且已形成许多成熟的工艺和操作方法。目前国内已有对废旧塑料、有机污泥、废轮胎等固体废物采用流化床热解工艺制取燃气及燃料油的研究。

12.1　热解原理

　　废物类型不同，热解反应条件不同，热解产物就会有差异。但热解过程产生的可燃气量大，特别是在温度较高的情况下，废物有机成分的 50% 以上都会转化成气态产物。热解后，减容量大，残余碳渣较少。在低温状态下，油类含量相对较多；温度升高时，有机物全面裂解，气态产物增加，各种有机酸、焦油、碳渣相对减少。

12.2 热解工艺

热解工艺可按照供热方式、热解温度、热解炉的结构、产品状态等进行分类。按照供热方式，可分为直接加热热解和间接加热热解；按照热解温度，可分为低温热解、中温热解和高温热解；按照热解炉的结构，可分为固定床热解、移动床热解、流化床热解、多炉装置热解、旋转炉热解和旋转锥反应器热解等。

12.2.1 按照供热方式分类

（1）直接加热热解

直接加热热解是指将固体废物部分直接燃烧供热或者向热解装置提供燃料来燃烧供热。由于燃烧需要提供空气、富氧或者纯氧等助燃物质，因而会产生 CO_2、H_2O 等气体以及混入 N_2 稀释热解气气，降低热解可燃气浓度。其优点是直接加热的热解设备简单，固体废物处理量大，产气率高；缺点是所产气体的热值低，高温热解时存在 NO_x 的控制问题。

（2）间接加热热解

间接加热热解是指用热砂料或熔化的某种金属床层等中间介质来传热或用于干墙导热将固体废物与加热介质在热解装置中分开的一种热解方法。其优点是产品的品位较高，如热解气热值高达 $18630kJ/m^3$ 时，可直接当成燃气来燃烧利用；缺点是产气率要低于直接加热热解。

12.2.2 按热解温度分类

（1）低温热解

温度一般在 600℃ 以下。农林固体废物及农产品经加工后的废物可生产出低硫低灰分的炭，可用作活性炭或水煤气原料。

（2）中温热解

温度一般控制在 600～700℃，成分比较单一的固体废物应用该工艺较多，如废轮胎、废塑料经中温热解可转换成类重油物质，类重油物质可作能源，也可作化工初级原料。

（3）高温热解

温度一般控制在 1000℃以上，采用直接加热热解的方式，可将热解残留的金属盐及其氧化物和氧化硅等惰性固体熔化，以液态渣形式排出热解反应器，清水冷后粒化，以降低固态残余物的处理难度。

12.3　典型固体废物的热解

12.3.1　生活垃圾的新日铁系统热解

新日铁系统通过控制供氧条件和炉温，使垃圾可在同一炉体内一次性完成干燥、热解、燃烧和熔融 4 个阶段，实现热解和熔融的一体化，其中干燥段的温度约 300℃，其工艺流程见图 12.1。

具体的操作方式为，吊车将生活垃圾由竖式炉顶投料口投入炉内，垃圾在由上向下移动的初期与上升的高温气体换热实现水分蒸发，完成垃圾干燥阶段。随后垃圾继续下降进入热解阶段，在缺氧状态下有机固体废物发生热解，产生可燃气和灰渣。可燃气的热值为 6276～10460kJ/m³，导入二燃室燃烧发电；灰渣继续下移至燃烧区，其中残存的炭黑与竖式炉下部通入的空气燃烧产生热量，与通过添加焦炭燃烧产生的热量一起实现灰渣熔融。熔融后的灰渣形成玻璃体和铁等，重金属等有害物质固定在固相中。

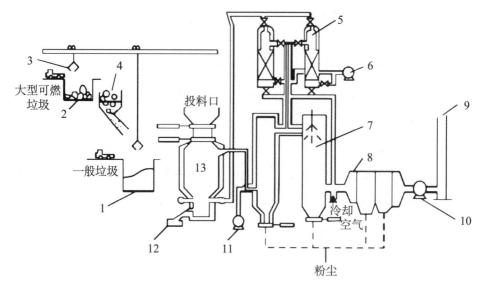

图 12.1 新日铁方式垃圾热解熔融处理工艺流程图

1.吊车 2.大型垃圾储罐 3.破碎机 4.垃圾渣槽
5.熔融渣槽 6.熔融炉 7.燃烧用鼓风机 8.热风炉 9.鼓风炉
10.喷水冷却器燃烧室 11.电除尘器 12.烟囱 13.熔融炉

12.3.2 城市垃圾的其他热解系统

（1）Purox 系统工艺（见图 12.2）

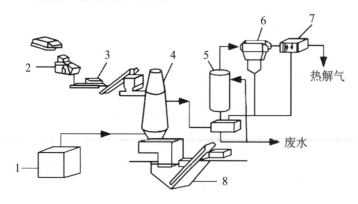

图 12.2 Purox 系统工艺流程图

1.产气装置 2.破碎机 3.磁选机 4.热解熔融炉
5.水洗塔 6.电除尘器 7.气体冷凝器 8.出渣装置

（2）Occidental 系统工艺（见图 12.3）

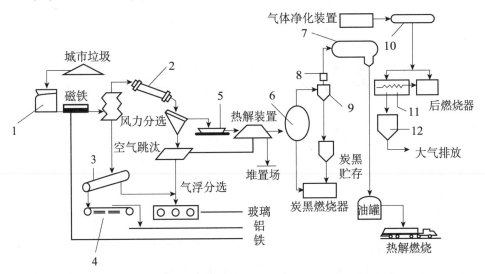

图 12.3　Occidental 系统工艺流程图

1. 破碎机　2. 干燥器　3. 滚筒筛　4. AL 涡流分选器

5. 二次破碎机　6. 沉降室　7. 油气分离器　8. 冷却管

9. 旋风分离器　10. 压缩机　11. 换热器　12. 布袋除尘器

13　固体废物的焚烧处理工程

固体废物的焚烧是指在高温（800～1000℃）焚烧炉内，固体废物中的可燃成分与空气中的氧发生剧烈的化学反应，转化为高温的燃烧气体和性质稳定的固体残渣，并释放出热量的过程。固体废物的焚烧能同时实现固体废物减量化（重量减轻70%～85%，容积减小90%以上）、固体废物资源化（利用焚烧余热生产热能）、固体废物无害化（消除有害物质）的最终处理目标。

13.1　焚烧的基本原理

通常把具有强烈放热反应、有基态和电子激发态的自由基出现并伴有光辐射的化学反应现象称为燃烧。根据固体可燃物质的种类，可分为以下三种不同的燃烧方式。

1. 蒸发燃烧

固体因受热熔化成液体，继而转化成蒸汽，与空气扩散混合而燃烧。燃烧速率被物质的蒸发速率和空气中的氧和燃料蒸汽之间的扩散速率所控制。

2. 分解燃烧

可燃固体因受热后分解，轻质的碳氢化合物会挥发走，留下固定碳和惰性物质，挥发分与空气扩散混合而燃烧，挥发分的燃烧是均相反应，反应速率快。固定碳的表面和空气接触进行表面燃烧，燃烧速率被从燃烧区向燃料的传热速率所控制。

3. 表面燃烧

可燃固体受热后不发生熔化、蒸发和分解过程，而是在固体表面与空气反应进行燃烧，其燃烧速率被燃料表面的扩散速率和燃料表面的化学反应速率所控制。固体表面的燃烧是非均相反应，速率要比均相反应慢得多。木炭、焦炭等含碳固体废物的燃烧大都属于表面燃烧。

13.2　燃烧过程

1. 干燥阶段

我国城市垃圾的含水率偏高，一般高于30%（混合垃圾），因此焚烧前的预热干燥很重要。对机械送料的运动式炉排炉，从物料送入焚烧炉起到物料开始析出挥发分和着火之前，为干燥阶段。随着送入炉内的物料温度逐步升高，其表面水分开始逐渐蒸发，当温度上升到100℃左右时，物料中的水分开始大量蒸发，此时物料温度基本稳定。

2. 燃烧阶段

（1）强氧化反应

物料的燃烧包括物料与氧发生的强氧化反应过程。以碳（C）和甲烷（CH_4）燃烧为例，以空气作为氧化剂，其氧化反应式为：

$$CH_4 + 2O_2 = CO_2 + 2H_2O \quad C + O_2 = CO_2$$

以上反应以认定空气中的 N_2 不参加反应为前提。

又如，焚烧一个典型废物 $C_xH_yCl_z$，在理论完全燃烧状态下的反应式为：

$$C_xH_yCl_z + \left[x + \frac{y-z}{4} \right]O_2 = xCO_2 + zHCl + \frac{y-z}{2} H_2O$$

（2）热解

1）热解速度。

2）热解时间。

3）原子基团碰撞。

在物料燃烧过程中，还伴有火焰的出现。燃烧火焰实质上是由高温下富含原子基团的气流造成的。

3. 燃尽阶段

物料在充分燃烧之后，进入燃尽阶段。此时反应物质的量大大减少，而反应生成的惰性物质、气态的 CO_2、H_2O 和固态的灰渣则增加了，也由此使得剩余氧化剂无法与物料内部未燃尽的可燃成分接触和发生氧化反应，同时周围温度的降低，等等，都使得燃烧过程减弱。因此要使可燃成分燃烧充分，必须延长停留时间并通过翻动、拨火等机械方式，使之与氧化剂充分混合接触。这就是设置燃尽阶段的主要目的。

13.3 影响固体废物燃烧的因素

1. 焚烧温度

废物的焚烧温度是指废物中的有害组分在高温下氧化、分解直至破坏所需达到的温度。它比废物着火时的温度要高得多。

2. 停留时间

由物料焚烧过程的特点可知，停留时间的长短直接影响废物的焚烧效果、尾气组成等，停留时间也是决定炉体容积和燃烧能力的重要依据。

3. 搅混强度

在焚烧过程中采用有效的搅动措施，使废物、助燃空气和燃烧气体之间充分混合，可促进废物燃烧完全，减少污染物形成。

4. 过剩空气率

过剩空气率对固体废物燃烧性能的影响很大。过剩空气率过高，会因为吸收过多的热量而使炉内的温度降低，增加排烟热损失的概率，降低燃烧效率；过剩空气率过低，会使固体废物燃烧不完全。

13.4　固体废物的焚烧系统和设备

13.4.1　焚烧系统

（1）前处理系统

前处理系统包括废物的贮存、分选、破碎、干燥等环节。

（2）进料系统

进料系统分为间歇式和连续式两种，连续式进料系统见图 13.1。

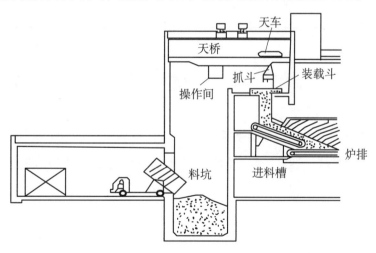

图 13.1　连续式进料系统示意图

（3）焚烧系统

焚烧系统主要是用炉箅，炉箅又分为三种，分别为往复式炉箅、摇摆式炉篦和移动式炉篦，见图 13.2。

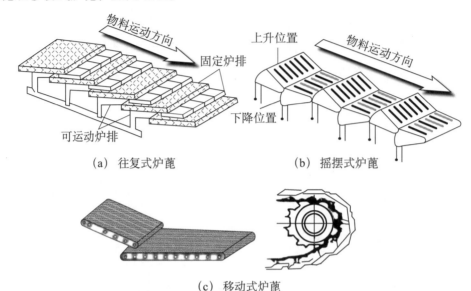

（a）往复式炉篦　　　　　　　　（b）摇摆式炉篦

（c）移动式炉篦

图 13.2　炉篦的三种结构类型

（4）排气系统

排气系统通常包括烟气通道、废气净化设施、烟囱等。

（5）排渣系统

焚烧炉内燃尽的残渣，应通过排渣系统及时排出，保证焚烧炉能够正常操作。

（6）焚烧炉的测试与控制系统

作为辅助系统，拥有一整套的测试与控制系统也是非常重要的。

（7）能源回收系统

1）与锅炉合建焚烧系统，锅炉设在燃烧室后部，使热转化为蒸汽，进而回收利用。

2）利用水墙式焚烧炉结构，炉壁以纵向循环水列管替代耐火材料，管内循环水被加热成热水，再通过后面相连的锅炉生成蒸汽，进而回收利用。

3）将加工后的垃圾与燃料按比例混合作为大型发电站锅炉的混合燃料。

13.4.2　焚烧设备和焚烧工艺系统

（1）多段炉

多段炉又称多膛焚烧炉，是工业中常见的立体多层固定炉床焚烧炉，可适用于各类固体废物的焚烧，更被广泛用于污泥的焚烧处理中。多段炉结构见图13.3，空气在搅动臂中流动的情况见图13.4。

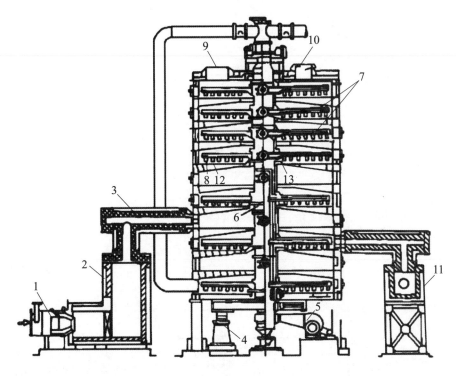

图 13.3　多段炉结构示意图

1. 主燃烧嘴　2. 热风发生炉　3. 热风管　4. 轴驱动马达
5. 轴冷却风机　6. 中心轴　7. 搅动臂　8. 搅拌杆　9. 排气口
10. 加料口　11. 热风分配室　12. 隔板　13. 轴盖

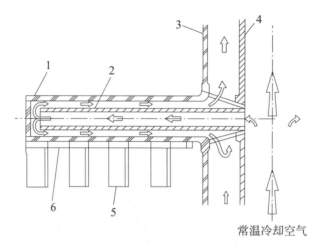

常温冷却空气

图 13.4 空气在搅动臂中流动的示意图

1.搅拌杆外筒 2.搅拌杆内筒 3.中心轴外筒
4.中心轴内筒 5.搅拌齿 6.隔板

（2）回转窑焚烧炉

回转窑目前被广泛应用于液体及固体废物的焚烧中，其结构如图 13.5 所示。

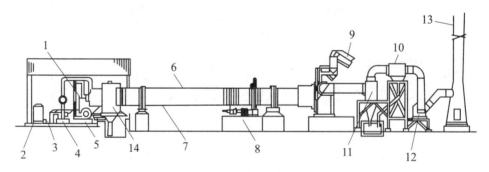

图 13.5 回转窑焚烧炉结构示意图

1.燃烧喷嘴 2.重油贮槽 3.油泵 4.三次空气风机 5.一次及二次空气风机
6.回转窑焚烧炉 7.取样口 8.驱动装置 9.投料传送带 10.除尘器
11.旋风分离器 12.排风机 13.烟囱 14.二次燃烧室

（3）流化床焚烧炉

流化床焚烧炉也是目前工业上较为广泛应用的一种焚烧炉。典型的流化床为气泡式流化床和循环式流化床两种。气泡式流化床焚烧炉结构见图 13.6，循环式流化床焚烧炉结构见图 13.7。

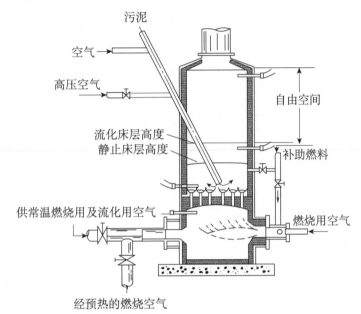

图 13.6　气泡式流化床焚烧炉结构示意图

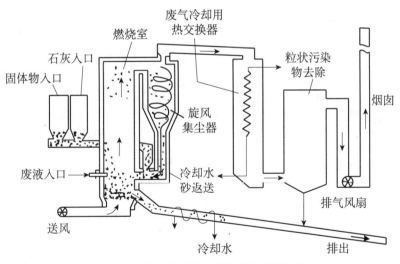

图 13.7　循环式流化床焚烧炉结构示意图

（4）典型的垃圾焚烧炉（见图 13.8）

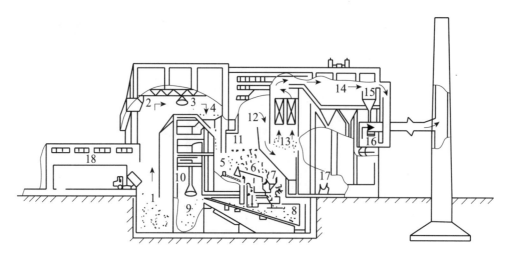

图 13.8 典型的垃圾焚烧炉结构示意图

1. 垃圾坑　2. 起重机运转室　3. 抓斗　4. 加料斗　5. 干燥炉栅　6. 燃烧炉栅

7. 后燃炉栅　8. 残渣冷却水槽　9. 残渣坑　10. 残渣抓斗　11. 二次空气供给喷嘴

12. 燃烧室　13. 气体冷却锅炉　14. 电气集尘器　15. 多级旋风分离器

16. 排风机　17. 中央控制室　18. 管理所

（5）垃圾焚烧工艺系统（见图 13.9）

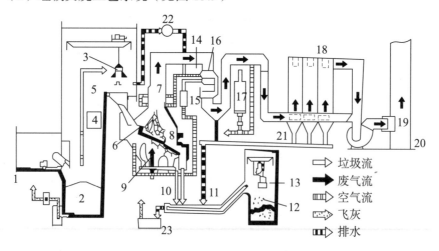

图例：
➡ 垃圾流
➡ 废气流
➡ 空气流
➡ 飞灰
➡ 排水

图 13.9 城市垃圾焚烧厂处理工艺流程图

1. 倾卸平台　2. 垃圾贮坑　3. 抓斗　4. 操作室　5. 进料口　6. 炉排干燥段

7. 炉排燃烧段　8. 炉排后燃烧段　9. 焚烧炉　10. 灰渣　11. 出灰输送带

12. 灰渣贮坑　13. 出灰抓斗　14. 废气冷却室　15. 热交换器　16. 空气预热器

17. 烟气净化设备　18. 滤袋集尘器　19. 引风机　20. 烟囱

21. 飞灰输送带　22. 抽风机　23. 废水处理设备

13.5　固体废物焚烧热能的回收利用

13.5.1　焚烧废气的冷却方式

直接喷水冷却是常用的废气直接冷却方式之一，图 13.10 为直接喷水废气冷却方式的工作示意图。

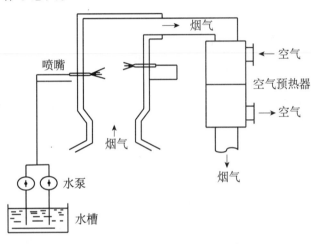

图 13.10　直接喷水冷却方式的工作示意图

间接冷却方式利用传热空气和水等，通过热交换设备来降低尾气温度并回收废热。其中，废热锅炉换热冷却方式的使用最为广泛，双筒式废热回收锅炉结构见图 13.11。

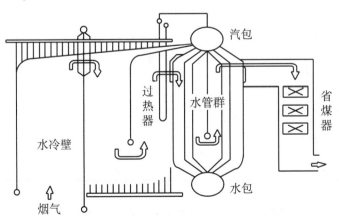

图 13.11　双筒式废热回收锅炉结构示意图

13.5.2　垃圾焚烧工厂废热回收利用方式（见图13.12）

种类	废热回收流程	方式	废热利用设备配置	废热回收形态
水冷却型	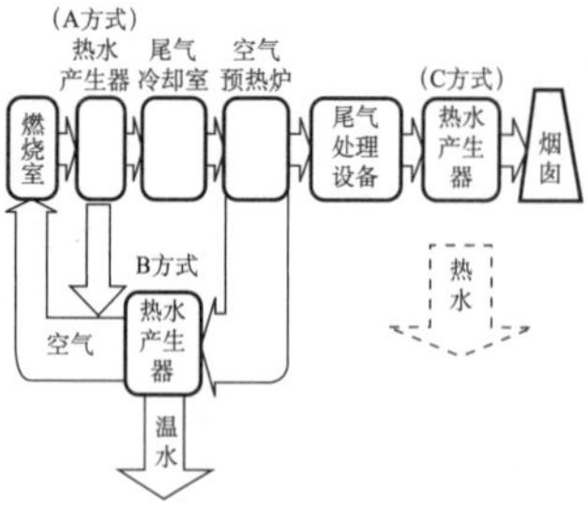	A方式（高温水）	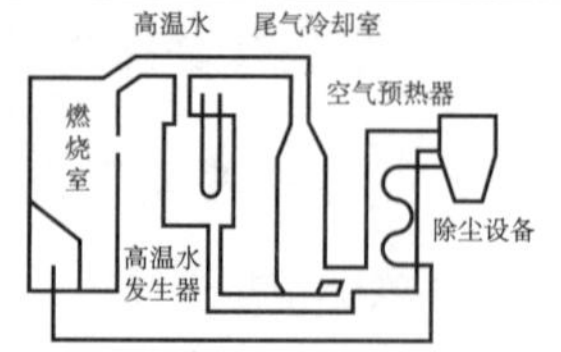	温水及高温水
		B方式（温水）		
		C方式（温水）		
半废热回收型	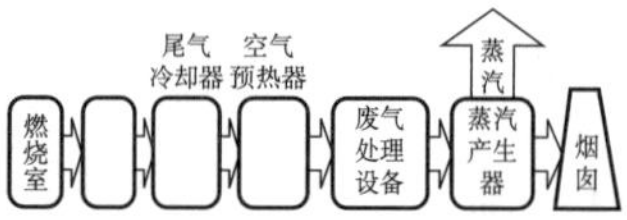	D方式	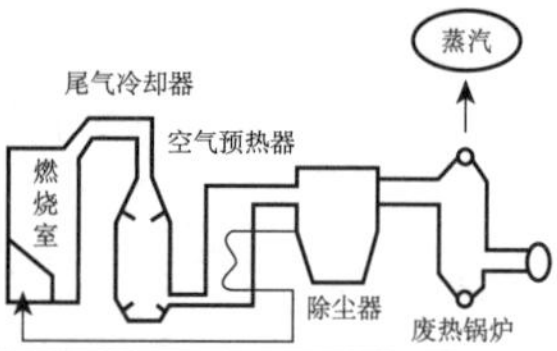	低压蒸汽
		E方式	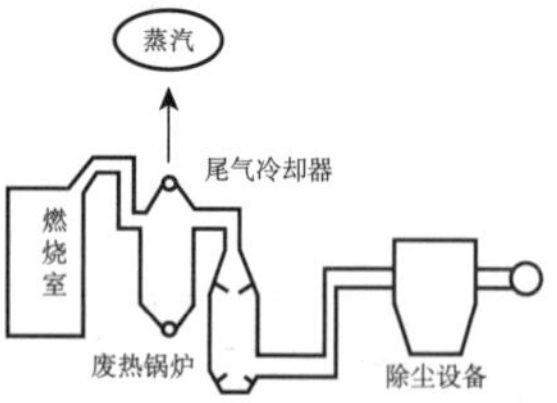	高压蒸汽
全废热回收型	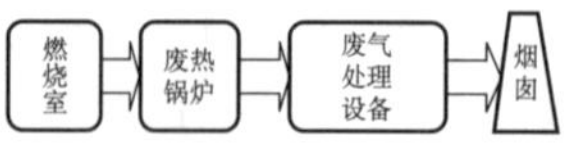	F方式	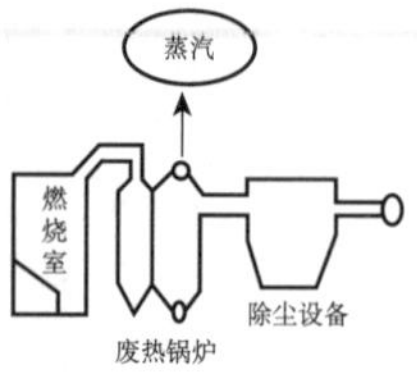	高压蒸汽

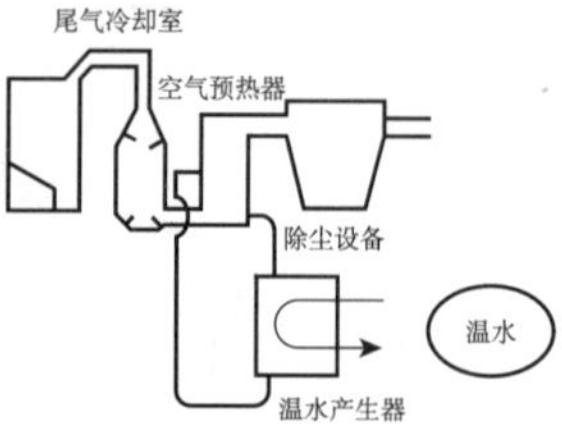

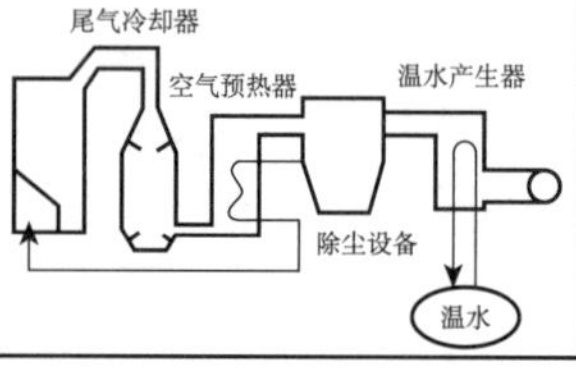

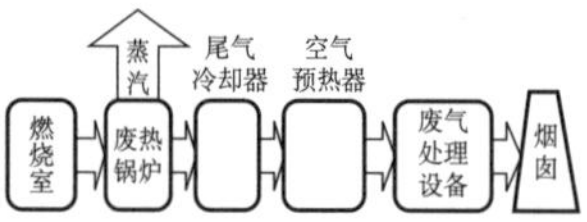

图 13.12　垃圾焚烧工厂废热回收利用方式

13.5.3　生活垃圾热解焚烧发电工艺（见图13.13）

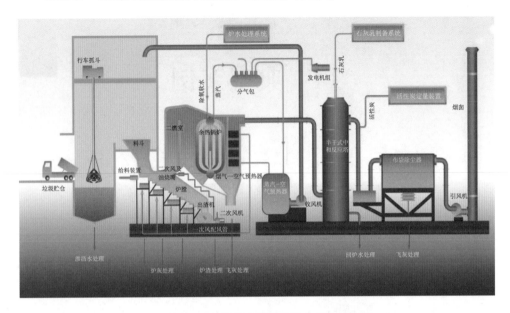

图 13.13　生活垃圾热解焚烧发电工艺流程图

14 典型案例

14.1 某小型垃圾填埋场案例

1. 概述

某垃圾填埋场（见图 14.1）的总库量为 15.55 万 m^3，日处理量为 17.75t/d。库容还未达到《城市生活垃圾填埋处理工程项目建设标准》的Ⅳ类规模（总库容为 100 万～200 万 m^3），日处理量也没达到Ⅵ级规模（日处理量为 200t/d 以下），因而此垃圾填埋场的规模是小型的。垃圾填埋场位于该镇某村某岭对面公路边的山沟内，两侧山坡陡峭，由基岩构成，坡度为 50°～60°，表层风化壳较厚，为强风化花岗岩，坡面植被繁盛。沟长约 360m，底宽度为 5～19m，纵坡降 15%，是一个"V"型谷。

垃圾流向如下：生活垃圾→垃圾桶→垃圾收集车→某垃圾填埋场。

该镇垃圾填埋场的主要垃圾为生活垃圾和农业垃圾。影响生活垃圾成分的主要因素有城市的经济发展水平、城市居民的生活习俗和城市所处的地理位置（自然气候）和不同的季节等。生活垃圾的组成部分主要有有机物、纸、玻璃、金属、塑料、织物、无机废物等，随着社会的发展和经济水平的提高，生活垃圾中可回收部分的含量呈增加趋势，而垃圾中有机成分的含量将逐渐下降。该镇以农业为主，是某省的重点反季节蔬菜基地和花卉基地，因此其农业垃圾所占比例比较高，有机废物是主要的组成部分。

图 14.1　垃圾填埋场

2. 垃圾处理场的工程

（1）工程内容

某垃圾填埋场由垃圾填埋主体工程，防洪工程，渗滤液收集及处理工程，生产、生活设施工程，道路工程，输配电工程等内容组成。

1）垃圾填埋主体工程

主体工程主要包括对山谷进行部分开挖，以及将垃圾分区填埋后进行覆盖。

2）防洪工程

为避免雨水进入填埋场内，增加渗滤液的产生量和处理量，甚至在过大的山洪爆发的情况下发生垃圾被冲走等情况，可在垃圾填埋场四周设截洪沟，对雨水进行导排。

3）渗滤液收集及处理工程

填埋场的垃圾渗滤液采用底部及填埋体内主次芒沟收集并汇集的方式，于垃圾坝后调节池内供集中处理。

4）生产、生活设施工程

供填埋厂内工作人员日常生活之用。

5）道路工程

在现有的一段道路基础上，旁边加上分支，将道路的宽设成 5m，路面用白色混凝土铺成，以此作为垃圾进入填埋场的主干道。

6）输配电工程

由于填埋的规模不大，从节省成本的角度考虑，可以从最近的电网供电。

（2）卫生填埋场

1）库容

计算库容时，具体可根据填埋高程的不同，先将总填埋场划分为 6 部分，划分情况如图 14.2 所示。

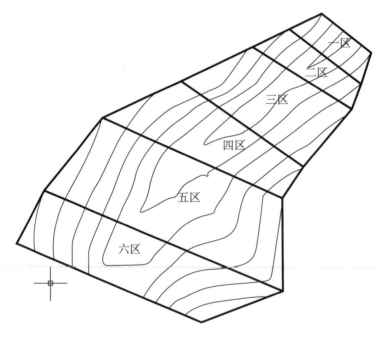

图 14.2　库容估算图

总库容为每两条高程线所间的库容之和，库容以绘制面域的方法计算，结果如表 14.1。

表 14.1　垃圾填埋场库容

序号	高程	高程差	面积	库容	累计库容
1	750	2.5	74.97	62.48	62.48
2	755	5	757.33	1784.30	1846.78
3	760	5	2303.23	7302.13	9148.91
4	765	5	4046.00	15669.85	24818.76
5	770	5	5507.90	23790.99	48609.76
6	775	5	5634.21	27854.68	76464.43
7	780	5	5332.80	27414.07	103878.51
8	780	5	2427.49	18930.42	122808.92
9	785	5	252.90	5773.19	128582.12

2）使用年限估算

$$有效使用年限 = \frac{垃圾场的有效容积 \times 垃圾质量容量}{每年产生的垃圾量 \times 垃圾填埋覆土系数}$$

该填埋场的垃圾质量容量为 0.86t/m³，垃圾填埋覆土系数为 1.3，计算得出有效使用年限为 15 年，即总处置垃圾累积量为 12.858 万 t。在使用年限内，填埋场的年均处理量为 0.56 万 t，日均处理量为 15.34t。

3）填埋工艺

填埋作业方法有平面作业法、斜坡作业法、沟填法三种。作业单元采用的是分层压实的方法，垃圾压实密度为 860kg/m³，单元每层垃圾厚度为 2.5m。

4）覆盖材料

将每层垃圾压实后，可采用土壤来进行覆盖。

5）填埋场的主要机械设备

垃圾填埋场的主要设备有压实机、推土机、装载机、地磅、挖掘机、运输卡车等。

3. 防渗工程

防渗是卫生填埋处理技术的主要标志，它能防止垃圾在填埋过程中产生的渗滤液、填埋气体对填埋场的水体和土壤造成污染，还能减少渗滤液的产生量，并为以后对填埋气体有序、可控制地收集和利用创造空间。防渗的技术关键是防渗层的构造，其构造形式直接决定了防渗效果和工程建设投资。

水平防渗层的构造形式，经历了最初的不加限制到早期的黏土单层设计，再到进气的柔性膜与黏土复合层的发展历程。用于填埋场防渗层的天然材料主要有黏土、亚黏土、膨润土，人工合成材料主要有聚氯乙烯（PVC）、高密度聚乙烯（HDPE）、条状低密度聚乙烯（LLDPE）、超低密度聚乙烯（VLDPE）、氯化聚乙烯（CPE）和氯磺化聚乙烯（CSPE）。

高密度聚乙烯（HDPE）膜作为一种高分子合成材料，有抗拉性好、抗腐蚀性强、抗老化性能高等优良的物理、化学性能，使用寿命为50年以上。比如，防渗功能比最好的压实黏土高107倍（压实黏土的渗透系数级数为10-7级，而HDPE膜的渗透系数级数为10-14级）；其断裂延伸率高达600%以上，完全满足垃圾填埋运行过程中由蠕变运动所产生的变形；其有利于施工、填埋的运行。

（1）单层HDPE膜＋膨润土复合防渗衬垫

1）竖向结构

其竖向结构的构造自上而下如图14.3所示。

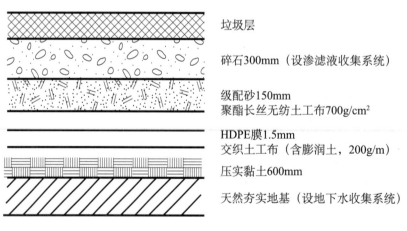

图14.3　单层HDPE膜＋膨润土复合防渗衬垫

2）工程造价：HDPE 膜和含膨润土交织土工布选用的是进口产品，土工布选用的是国内产品，其余按当地市场价格算，单位工程造价大概为 166.1 元 /m³。

（2）特点和要求

HDPE 膜是高密度聚乙烯合成材料，具有较强的延展性和良好的防渗性能，但遇尖锐物易破裂。因此，HDPE 膜的垫层、铺衬、覆盖及其他相关作业等在施工过程中均应十分严格地加以保护，这是保证垃圾填埋场防渗系统质量的关键。

1）坡面分类

坡面可分为土质坡面和石质坡面，根据设计规定，坡面防破系数不得低于 1:1.25。土质坡面经机械开挖后，用人工整平夯实，彻底清除树根、砾石等尖锐杂物，然后铺垫一层土工布（400g/m²）、铺衬 HDPE 膜，再在膜上铺垫一层土工布。石质坡面应与周围土质坡面的厚度一致，经修凿的石质坡面上用水泥砂浆抹平，然后铺衬 HDPE 膜，上覆一层土工布水平防渗结构，见图 14.4。

沟谷一般由数条支沟和一条主干沟组成。支沟上设渗滤液收集沟（下设地下水收集盲沟）和鱼刺状渗滤液收集支沟；主干沟上设汇集渗滤液收集沟的渗滤液主盲沟（下设地下水主干沟）。

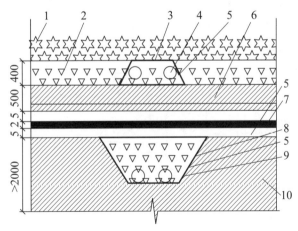

图 14.4　水平防渗结构示意图

1. 垃圾体　2. 碎石层　3. 渗滤液收集沟　4. HDPE 多孔管　5. 土工布　6. 粗砂层
7. HDPE 膜黏土复合层　8. 地下水收集沟　9. 钢筋混凝土多孔管　10. 基础层

场底为垃圾堆填区，场底基础为土方层填筑，用机械碾压平整。场底土层（厚30cm）应由人工彻底清除树根、石块等杂物，然后铺筑40cm粗砂层，粗砂层中不得含有粒径>2.5cm的角砾或其他尖锐物。在粗砂层表面铺垫一层土工布，然后铺衬HDPE膜，上覆50cm过筛的优质黏土保护层，再铺筑40cm粗砂过滤层，才能用于垃圾堆填。

2）锚固

在坡面进行HDPE膜铺衬时，坡面上端应进行锚固。锚固采用锚固沟法，即在坡面上端距破口100cm处开挖宽和深各100cm的矩形沟槽，将HDPE膜和下层土工布沿沟槽底部及边缘铺设，然后用黏土分层回填夯实。石质坡面的锚固方法与土质坡面的基本相同，但锚固沟的尺寸可适当缩小，沟内采用低强度等级素混凝土回填。

HDPE膜的拼接接口采用专用机械熔焊，即使局部破损也可采用焊接法修补。

4. 渗滤液收集系统及调节池

渗滤液的产量为每年20528.48m³，调节池取15000m³。

某垃圾填埋场的渗滤液调节池采用的是HDPE土工膜防渗结构。调节池的进水处设有人工格栅，可以初步去除大块杂物。出水经过提升泵送往污水处理厂。调节池的剖面图如图14.5所示。

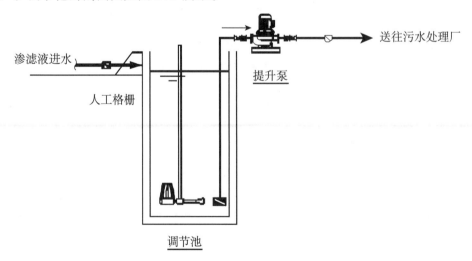

图14.5 调节池剖面图

施工时，黏土层的密实度底部为 93% 以上，边坡可为 90% 以上；防渗膜的铺设从低位开始向高位延伸。与钢筋混凝土结构相比，此种结构具有防渗性能高、价格便宜、便于施工等优点。

以往的调节池设计通常采用的是露天敞口形式，导致填埋场及周边地区臭气污染严重，影响工作人员的身体健康，为了控制蚊蝇滋生、臭气外逸，现在的调节池采用的是浮盖密封的形式。这种 HDPE 土工膜浮盖，密度比水低，可浮在渗滤液表面，使得整个调节池呈封闭厌氧状态，在去除臭味的同时，可对 COD 有一定的去除率，还可以收集沼气用于发电，同时可避免雨季雨水过多时注入调节池。

5. 地下水层排

（1）雨水分流系统

由于垃圾渗滤液主要是垃圾在填埋过程中被压实和有机物在降解过程中造成垃圾中水分脱离垃圾而形成的，而大气降雨进入卫生填埋场垃圾内的水量则构成渗滤液的主要来源，因此垃圾填埋场内必须导排垃圾场内外的雨水，从而最大限度地减少大气降水进入垃圾内并与之接触后转化而形成的渗滤液，以减少垃圾渗滤液的产生。雨水分流系统分为三部分，即场外迳流与场内雨水分流系统，作业区域与非作业区域的雨水分流系统，填埋封场后雨水的迳流排出系统。此外，在填埋场四周修筑截洪沟以拦截场外的雨水汇入场内。将场区分为甲乙两区，各区设独立的排渗系统。先期使用甲区时，乙区的雨水将通过排渗系统引至场外，不进调节池，实现清污分流，减少污水处理的负荷，节省基建投资与运行费用。

（2）垃圾渗滤液的收集系统

盲沟和石笼的布置方法如下。为了能够有效地排出填埋场底部的渗滤液，渗滤液收集系统采用的是纵向主盲沟与横向支盲沟系统和竖向石笼相结合的构造形式，即在场底盲沟内设置水平收排渗管网，垂直方向设置石笼，形成一个纵横相连、上下相接的收排渗系统。排渗管网的主管和支管分别采用 DN300

与 DN200 的高浓度聚乙烯（YSHDPE C 型）花管。主管和支管均设于盲沟内，并采用管外壁包缠 2002Ê 型号的水井专用土工布，外填粒径为 d12～5 mm 的填砾构成的防淤堵的技术措施。石笼直径＜1500 mm，外包钢丝网，其中心设置 DN200 穿孔 ABS 管，钢丝网包垫土工布，然后用 d20～30 碎石填充于 ABS 管与钢丝网间的环状空间内。

6. 填埋气体导排

场内设置 64 个导气竖管，每个导气竖管的服务半径为 20m，导气竖管与场底水平收排渗系统相连，起导气及垂直收渗的双重作用，导气竖管随着垃圾的堆高而加高。为避免操作机械对导气竖管的碰撞，以保护导气竖管的稳定，同时亦为加强导气效果，在导气竖管的外侧应设置石笼。导气竖管高出卫生填埋场封场面 2m。

7. 截洪沟

由于该区属山地地形，填埋区的坡度从垃圾坝开始沿填埋方向逐步升高，整个填埋区呈一个口袋形，因此填埋场地区采用环场截洪沟，作业面（坡面）采用排水沟和排洪渠组成的场区排水系统，而污水调节池采用截洪沟方式来排出雨水。

截洪沟的设计防洪标准以 20 年一遇设计、50 年一遇校核。沿填埋场垃圾最终填埋边界线的外侧设置永久截洪沟，沟渠采用的是混凝土保护层设计，断面形式为等边梯形，沟渠底宽 1.0m，沟高 0.6m，设计水深 0.4m，坡度 m=2%。截洪沟总长为 430m，通过地形高差较大的地段时，用陡坡连接上下游沟渠，每 5m 设一陡坡，以调整纵坡，达到效能的目的。水流进入陡坡即成为跌落急流，脉动剧烈，有很大的冲刷能力，常用砌石或混凝土作护面，本设计中采用与截洪沟相同的浆砌块石护面。

8. 垃圾坝及截污坝

该填埋场将垃圾坝与截污坝分别设置。按照填埋场的地形、地质条件，尽量减少坝的长度，坝址设在沟下游两山坡接近的沟口处。截污坝设置在山

214

谷的狭窄处，其主要作用就是防止调节池内的渗滤液渗出。截污坝的尺寸为25m×40m×15m。

9. 环境监测

对于环境的监测主要包括五个方面，分别是地下水环境监测、大气环境监测、噪声监测、沼气监测、污水监测。

地下水环境监测包括填埋场运行以前的本底值监测、填埋场运行阶段的定期监测和填埋场封场直至稳定阶段的跟踪监测，监测井的布设，地下水采样，地下水监测项目及分析方法。地下水监测项目有高锰酸盐指数、氨氮、挥发酚、总大肠菌群、总硬度、pH、氯化物、总氰化物、总砷、总汞、铬（六价）、总铅、氟化物、地下水水位以及反映本地区主要水质问题的其他项目。

大气环境监测包括监测点的布设、大气采样、大气监测项目及分析方法、大气环境质量评价方法，其监测项目及标准见表14.2。

表 14.2 大气环境质量监测项目及标准

监测项目	执行标准
总悬浮颗粒物	GB/T 15432—1995
甲烷	GB/T 10410.2—1989
硫化氢	GB/T 14678—1993
氨	GB/T 14679—1993
二氧化氮	GB/T 15435—1995
一氧化碳	GB/T 9801—1988
二氧化硫	GB/T 15262—1994
臭气浓度	GB/T 14675—1993

噪声监测：垃圾处理设施应在每年4月进行一次噪声监测。当设施处理工艺和处理量有较大调整时需重新监测。噪声的评价按照GB 12348的规定执行。

沼气监测包括沼气安全监测和沼气成分监测。沼气监测项目及标准见表14.3。

表 14.3　沼气监测项目及标准

序号	监测项目	执行标准
1	二氧化碳	GB/T 10410.1—1989
2	氧气	GB/T 10410.3—1989
3	甲烷	GB/T 10410.2—1989
4	硫化氢	GB/T 14678—1993
5	氨	GB/T 14679—1993
6	一氧化碳	GB/T 9801—1988
7	二氧化硫	GB/T 15262—1993

污水监测主要是生活垃圾处理设施渗沥液的监测。污水监测项目及标准见表 14.4。

表 14.4　污水监测项目及标准

序号	监测项目	执行标准
1	pH	GB/T 6920—1986
2	悬浮物	GB/T 11901—1989
3	化学需氧量（COD_{cr}）	GB/T 11914—1989
4	五日生化需氧量（BOD_5）	GB/T 7488—1987
5	氨氮	GB/T 7478—1987
6	总大肠菌值	GB/T 7959—1987
7	电导率	GB/T 13580.3—1992

14.2　来宾市垃圾焚烧发电厂的工程简介

该工程是广西第一个城市生活垃圾焚烧发电综合循环利用的 BOT 项目，系统主要由垃圾储存及输送给料系统、焚烧与热能回收系统、烟气处理系统、灰渣收集与处理系统、给排水处理系统、发电系统、仪表及控制系统等子项目组成，设计的日处理生活垃圾为 500 t，装备 2 台 250 t/d 循环流化床焚烧炉和两组 7.5MW 凝汽式发电机，同时配套建设 10.5kV/35kV 升压站、生活垃圾＋煤＋甘蔗叶燃料输送系统和水、电、气辅助设施及"三废"处理系统。

工程选用的循环流化床焚烧炉由无锡太湖锅炉有限公司生产，目前该类焚烧炉已在宁波、东莞、嘉兴等城市垃圾处理中投入运行。从已投入运行的循环流化床焚烧炉运行检测结果分析，焚烧炉在燃烧低位热值生活垃圾并添加辅助煤（其混合物低位发热量在 8700kJ/kg）的情况下，在烟气净化系统仅采用 Ca(OH)$_2$ 作为吸收剂不加活性碳时，各项排放指标全部达到我国生活垃圾焚烧污染控制标准（GB 18485—2001），二噁英等主要指标达到欧盟污染控制标准，用灰渣制砖的各项检测指标均不超过相关标准限值。

1. 循环流化床焚烧炉基本技术资料（见表 14.5 和表 14.6）

表 14.5　循环流化床焚烧炉的技术特性

设计燃料	城市生活垃圾＋烟煤	燃料配比（重量）	80%＋20%
设计燃料热值	8700 kJ/kg	额定垃圾处理量	250 t/d
燃烧温度	850～950 ℃	起动用燃料	柴油
助燃用燃料灰渣热灼减	煤＜3.0%	烟气净化	半干法脱酸塔、布袋除尘

表 14.6　循环流化床焚烧炉的技术参数

额定蒸发量额定蒸汽温度	38t/h450 ℃	额定蒸汽压力给水温度	3.82 MPa105 ℃
连续排污率	2%	冷风温度	20 ℃
一次风热风温度	204 ℃	二次风热风温度	178 ℃
一、二次风比例	2:1	排烟温度	160 ℃
设计热效率	＞82%		

2. 焚烧系统及工艺流程

（1）垃圾贮存与输送给料系统

由垃圾贮坑、抓吊和输送给料设备等组成。垃圾贮坑起着贮存、调节、熟化、均化、脱水的作用，其容积可储存 7～10d 的垃圾。设有垃圾抓斗吊车两台，其功能是将垃圾从贮坑抓到料斗，然后对垃圾进行翻动。两台垃圾焚烧炉并列布置，两台炉共用一条煤助燃输送线，垃圾输送给料则每台炉配备 1 条；煤助燃输送线采用的是胶带输送设备，垃圾输送给料由胶带输送机、链板输机和拨轮给料机等组成。考虑到当地有廉价丰富的甘蔗叶，可在垃圾料斗旁设一条输送带，需要时输送甘蔗叶与垃圾混合燃烧，减少煤的消耗，从而降低运行成本。垃圾贮坑中的垃圾臭味是垃圾焚烧发电厂臭味的主要来源，为使垃圾贮坑形成负压不致臭气外逸，一次风机吸风口设计从垃圾贮坑中抽取，二次风机吸风口设计从垃圾输送廊抽取，同时在土建设计、施工时注意采取有效措施，以保证垃圾贮坑区域和垃圾输廊的密封严密性。垃圾卸料在垃圾卸料间和储坑时，屋顶设无动力排气扇，保证停炉时臭气可以外排。

（2）焚烧与热能回收系统

由循环流化床焚烧炉和鼓风机、引风机、罗茨风机等燃烧空气系统的辅助设备组成。焚烧炉由流化床、悬浮段、高温旋风分离器、返料器和外置换热器等部分组成。在旋风分离器的烟气出口布置对流管束，尾部烟道依次布置有省煤器和一、二次空气预热器。外置换热器以空气流化、高温循环物料为热载体，使高低温过热器管束布置在酸性腐蚀气体浓度极低的返料换热器内，降低了过热器管束与垃圾焚烧产生的腐蚀气体直接接触发生高温腐蚀的条件，有效地解决垃圾焚烧的高温腐蚀问题。采用垃圾与煤混烧时，国内外试验及实际运行数据表明，在垃圾中掺煤量达到一定比例（< 7% 重量比）时，可减小 80% 左右的二噁英生成浓度。其机理为煤中 S 对降低烟气中二噁英的合成有多种作用，是减少二噁英产生的有效方法。另外流化床布风板采用的是常规风帽和定向风帽，使垃圾可在流化床内做大尺度的床料横向运动，提高垃圾在流化床内的扩散混合及排料能力。

（3）烟气处理系统

主要由脱酸反应塔、布袋除尘器、给粉系统、增湿器、飞灰回送循环和排灰系统等组成，采用的是半干脱酸法和布袋除尘工艺。

该系统的消石灰和循环灰在循环流化脱酸塔中形成强烈的流化湍流，并在形成巨大的反应表面上进行脱酸反应和增湿干燥。设置在脱酸塔出口的惯性分离器，可有效降低袋除尘器的入口浓度和除尘器负荷。另外在脱酸塔出口烟道中喷入活性炭，可有效去除烟气中的重金属和二恶英，保证烟气排放达到国家规范要求。由于系统的脱酸反应过程在绝热饱和温度以上进行，水分汽化后进入烟气，故没有废水产生。整个烟气处理系统的附属设备均设置在一个钢架单元内，设备占地面积小、投资省、水耗量少、吸收剂利用率高，反应产物呈干粉状态，易于处理。

（4）垃圾渗沥液处理系统

垃圾渗沥液为高浓度废水，需要采用高温热解的方法由泵将垃圾贮坑收集到的渗沥液喷入焚烧炉内进行燃烧处理。垃圾的含水率直接影响垃圾的低位热值。根据有关单位测试，每脱 1% 的水分，垃圾的热值可增加约 100kJ/kg。在夏季，南方的垃圾含水率高时，可脱出 20% 的水分，其他季节的脱水率为 10%～15%。因此，在南方，在垃圾贮坑内设有完善而有效的渗沥液排导系统和收集系统尤其重要，否则，垃圾将被浸泡在渗沥液中影响垃圾焚烧。为保证垃圾渗沥液可以顺利导排和收集，垃圾坑底会设≥2% 的斜坡，底部会设置收集沟。在垃圾坑墙壁的一侧做人工通道，并沿垃圾坑墙壁的不同高度设排水格栅，形成渗沥液排出和人工清理的通道，渗沥液可沿垂直和水平方向通过隔栅流入通道的收集沟，进入收集池；清理人员可进入通道清理淤泥和清理、更换隔栅，隔栅设在靠近卸料门的一侧，因为这一侧的垃圾一般不会堆积较长时间，以保持排导系统的畅通。

（5）灰渣收集与处理系统

垃圾焚烧产生的固体废物主要是飞灰和炉渣，这两者应该分开收集。根据甲方提供的杭州乔司 800t/d 垃圾焚烧电厂的灰渣经浙江省环境监测站按《危险废物鉴别标准–浸出毒物鉴别》的测定，其有害物质浓度小于该标准值，不属于危险废物。故本项目的炉渣考虑作建筑或路基材料进行综合利用。飞灰则采用大型灰罐储存，计划对飞灰作进一步测定后再作单独的安全处理或综合利用。

（6）给排水处理系统

全厂用水由河边泵站和市政管网供给。厂区设置的循环冷却系统供厂区设备使用，其用水由河边泵站供给。锅炉给水采用的是除盐加混床除盐工艺，以保证锅炉给水符合相关技术标准。厂区清洗废水和生活污水时采用的是 SBR 法即序批式活性污泥法处理达《污水综合排放标准》I 级标准后排放。

（7）发电系统

设置两台 7.5MW 凝汽式汽轮发电机，两台 1000kVA38.5/10.5kV 主变压器，10kV 母线经主变压器升压至 35kV 接入当地电力网，发配电系统采用微机型保护测控装置。

（8）仪表及控制系统

垃圾输送给料系统、焚烧系统、热能利用系统和烟气净化系统等都采用先进的 DCS 控制系统、总线式结构和分布式 I/O 接口。

参考文献

［1］孙迎雪，吴光学，胡洪营，等. 昆明市污水处理厂进水水质特征分析［J］. 环境科学与技术，2013，36（7）：147-152.

［2］孙艳，张逢，胡洪营，等. 北京市污水处理厂进水水质特征的统计学分析［J］. 给水排水，2014，40（增刊）：177-181.

［3］静贺，邱勇，沈童刚，等. 城市污水处理厂进水动态特征及其影响研究［J］. 给水排水，2010，36（8）：35-38.

［4］张健君，吕英俊，刘章富，等. 某污水处理厂运行进水水量和水质的初步分析［J］. 水工业市场，2009，（11）：58-62.

［5］胡洪营，赵文玉，吴乾元. 工业废水污染治理途径与技术研究发展需求［J］. 环境科学研究 2010，23（7）：861-868.

［6］韦启信，郑兴灿. 影响污水生物脱氮能力的关键水质参数及空间分布特征研究［J］. 给水排水，2013，39（9）：127-131.

［7］郑兴灿，李亚新. 污水除磷脱氮技术［M］. 北京：中国建筑工业出版社，1998.

［8］张自杰，林荣忱，金儒霖. 排水工程［M］. 4 版. 北京：中国建筑工业出版社，1999.

［9］张玲玲，陈立，郭兴芳，等. 南北方污水处理厂进水水质特性分析［J］. 给水排水，2012，38（1）：45-49.

［10］董艳平，王合生，喻义勇，等．城镇污水处理厂进、出水 COD 浓度变化规律分析［J］．环境科学与管理，2009，34（11）：105-107．

［11］徐文龙，吕士健，宋旭彤．城镇污水处理厂运行、维护及安全技术手册［M］．北京：中国建筑工业出版社，2014．

［12］王罗春，李雄，赵由才，等．污泥干湖与焚烧技术［M］．北京：冶金工业出版社，2010．

［13］蒋自力，金宜英，张辉，等．污泥处理处置与资源综合利用技术［M］．北京：化学工业出版社，2018．

［14］王少林．城市黑臭水体整治中控源截污改善措施的思考［J］．净水技术，2017，36（11）：1-6．

［15］尹音．天津城市河流水环境评估与调控研究［D］．天津：天津大学，2014．

［16］胡洪营，何苗，朱铭捷，等．污染河流水质净化与生态修复技术及其集成化策略［J］．给水排水，2005，31（4）：1-9．

［17］谢飞，吴俊锋．城市黑臭河流成因及治理技术研究［J］．污染防治技术，2016，29（1）：1-3．

［18］章吉，杨健．非点源污水就地处理技术及其应用［J］．中国资源综合利用，2005（12）：28-32．

［19］吴光前，刘倩灵，周培国，张文妍，许榕．固定化微生物技术净化黑臭水体和底泥技术［J］．水处理技术，2008，34（6）：26-29．

［20］崔晓冰，蒲文鹏，刘旭．黑臭水体治理技术研究［J］．广州化工，2017，44（6）：:118-119．

［21］梁雪，贺锋，徐栋，吴振斌．人工湿地植物的功能与选择［J］．水生态学杂志，2012，33（1）：131-136．

［22］王超，陈亮，胡晓宇，范强．生态浮岛修复关键技术研究进展［J］．绿色科技，2016（16）：35-36．

［23］由文辉，刘淑媛，钱晓燕．水生经济植物净化受污染水体研究闭［J］.

华东师范大学学报（自然科学版），2000，34（1）：99-102.

[24] 金庆锋，杨文革，李 雷．石墨烯光催化网新技术在江阴市河道治理中的应用［J］．江苏水利2018（4）：58-61.

[25] 王敦球，等．固体废除处理工程［M］．北京：中国环境出版社，2015.

[26] 李金惠，等．危险废物管理［M］．2版．北京：清华大学出版社，2010.

[27] 高乃云，严敏，赵建夫，等．水中分泌干扰物处理技术与原理［M］．北京：中国建筑工业出版社，2010.

[28] 陈玉保，刘士清，马煜，等．有机废物处理工程［M］．北京：北京大学出版社，2012.

[29] 国家环境科学研究院古日废物污染控制研究所．危险废物鉴别技术手册［M］．北京：中国环境学科出版社，2011.